KB079303

부모가 알아야 할

입양인의 속마음

20가지

부모가 알아야 할
입양인의 속마음
20가지

초판 1쇄 발행 2016년 11월 17일
개정판 2쇄 발행 2021년 10월 22일

지은이 셰리 엘드리지
옮긴이 라테
펴낸이 이사라
편집 좋은땅 편집팀
펴낸곳 가족나무
이메일 familytreekorea@gmail.com

ISBN 979-11-964621-0-9 (03590)

이 도서의 국립중앙도서관 출판시도서목록(CIP)은 서지정보유통지원시스템 홈페이지(http://seoji.nl.go.kr)와 국가자료공동목록시스템(http://www.nl.go.kr/kolisnet)에서 이용하실 수 있습니다. (CIP제어번호 : CIP2018026206)

부모가 알아야 할

입양인의 속마음 20가지

셰리 엘드리지 지음 라테 옮김

가족나무

입양인adoptee 입양된 사람을 지칭하는 용어로 연령과 상관없이 쓰입니다. 따라서 입양 아동/입양아, 성인 입양인을 포함하고 있는 개념입니다. 통상적으로 두 쌍의 부모(입양 부모와 출생 부모)를 가지고 있습니다

큰아이 입양/연장아 입양older child adoption 만 1세가 넘은 유아 혹은 아동의 입양을 의미합니다.

입양 부모/양부모adoptive parents 법적 친권을 획득한 **'친부모'**로서 입양 절차를 통해 자녀를 얻은 부모를 지칭합니다. 이 책에서는 기존에 사용되던 '수양부모' 혹은 '양부모'의 개념과 그에 대한 사회의 고정관념을 배제하기 위해 '입양 부모'로 표기하였습니다.

출생 부모/생부모birth parents 자녀를 출산한 부모를 뜻합니다. 양육을 하지 않기로 결정하고 법적인 친권을 양도한 부모를 지칭합니다.

생물학적 부모biological parents 입양인에게 생물학적으로 유전자를 물려준 생부모를 지칭합니다.

애도grief 의미 있는 애정 대상을 상실한 후, 마음의 평정을 회복하는 정신과정을 의미합니다.

특수 욕구special needs 학습 장애나 신체적 장애, 혹은 정서적 어려움이나 문제 행동 등을 가진 사람들의 특별한 교육적 필요를 지칭합니다.

뿌리 찾기searching/going through home again 입양인이 자신의 출생 부모 및 출생 가족과 재회하기 위해 그들을 찾는 행위로, 자신의 입양과 관련된 모든 정보를 수소문하고 수집하는 과정을 포함합니다.

처음 입양 가족이 되고서 막연한 두려움으로 찾은 곳이 입양가족 모임이었습니다. 입양 가족 모임에서 여러 가족을 만나며 아이를 기르는 데 필요한 지혜와 통찰을 얻었고, 때로는 입양을 잘 모르는 이웃에게 들은 무심하고 아픈 말들을 토로하며 위로를 받았습니다.

그러다가 교육 소모임을 통해 우연히 한 입양 엄마가 개인적으로 번역한 입양서를 읽을 기회가 있었습니다. 그 책은 마음에 큰 위로와 힘이 되었고, 입양 가족으로서 실제적인 도움을 받을 수 있는 책을 공부하고 싶다는 소망을 품는 계기가 되었습니다.

이내 외국의 입양 서적을 공부하는 번역 모임인 라테(Learning Adoption by Translating English)가 결성되었고, 지난 몇 해 동안 꾸준히 이어온 모임을 통해 저희 라테 멤버들도 함께 성장하였습니다.

그간 엄마의 일상 속에서 마감에 쫓기며 한 달 한 달 모아온 원고가 어느새 ≪부모가 알아야 할 입양인의 속마음 20가지≫라는 책으로 출간되었습니다. 저희 라테 멤버들에게 입양이라는 미답지의 길라잡이가 되어 준 이 책이 여러 입양 부모님에게 유익한 안내서가 되기를 바랍니다. 또한 입양 당사자인 우리 아이들의 마음이 부모님의 마음과 이어지고 단단히 묶이는 데 이 책이 도움이 되었으면 합니다.

이 책을 번역하고 출간하는 데 마음을 모아주신 모든 분들께 깊은 감사의 말씀을 드립니다.

2018년 08월

라테

어떤 상황에서도 한결같이

나의 벗이 되어 준

나의 남편,

밥 엘드리지에게

바칩니다.

내 삶과 이 책을 쓰는 데 큰 영향을 주신 많은 분들께 감사를 드립니다.

- 나에게 생명을 선물해 준 생부모님
- 아무것도 없었을 때 나에게 가정을 주신 입양 부모님
- 내 인생의 고통스러운 여정을 함께 걸어 준, 의사 데일 테오벌드[Dale Theobald] 박사님과 상담치료사 머릴린 라이어슨[Marilyn Ryerson], 사회 복지사 수전 슈에러-빈센트[Susan Scherer-Vincent] 선생님
- 다른 이들에게 도움을 주기 위해 자신의 이야기를 들려준 입양인 친구들
- 이 작업에 대한 비전을 갖게 해 준 델 출판사의 전 편집장 메리 엘렌 오닐[Mary Ellen O'Neill]
- 처음 책을 쓰는 나에게 친절한 안내자가 되어준 나의 편집장 트레이시 멀린스[Traci Mullins]
- 그들의 존재만으로 내 삶의 기쁨이 되어 주는 나의 가족 밥[Bob], 리사[Lisa], 존[John], 에일리애나 조이[Eliana Joy], 크리시[Chrissie], 마이크[Mike], 오스틴[Austin], 블레이크[Blake], 콜[Cole]
- 나의 고통을 사역으로 바꿔 주신 하나님

감사합니다.

목차

1부 아이의 눈으로 바라본 입양

1장

숨겨진 상실

나는 크고 검은 철문을 지나 잔디밭 위에 늘어선 묘비들을 스쳐 지나가며 입양 부모님의 무덤을 향해 차를 몰았다. 한 노인이 수돗가에서 물통에 물을 가득 받고 있었고, 이제 막 깎은 잔디의 풀 내음은 공기 중에 가득했다. 길 건너편에 새로 조성되고 있는 무덤을 보니, 상실은 삶의 일부라는 사실이 새삼스레 다가왔다.

늦었지만 나의 성장기를 함께 견뎌 주신 부모님께 드리는 감사의 표시로 장미꽃 두 송이를 준비해 자동차 조수석에 두었다. 나는 입양이 이전에도 그랬듯이 앞으로도 내 인생에 **계속** 깊이 영향을 미치리라는 사실을 알게 되었다. 마침내 그것을 이해한 어른이 되어 부모님의 무덤으로 향하는 중이었다. 그날은 나에게 청산과 용서, 그리고 종결의 날이었다.

차에서 내려 부모님의 무덤으로 향하는 동안 슬픔의 파도가 엄습해 왔고, 나는 또다시 고아가 된 기분이 들었다. 나는 그런 느낌이 정말 싫다! 나를 가장 사랑했던 사람들이 땅속에 묻혀 있다는 현실에 짓눌려 몹시 괴로웠다.

잘 다듬어진 잔디밭 위를 조심스레 걸어 부모님의 장밋빛 묘비에 이르렀다. 그리고는 리타 G.Retha G.와 마이크 J. 쿡Mike J. Cook이라고 새겨진 글자를 읽었다. 부드러운 화강암 비석을 어루만지며 속삭였다. "제가 부모님을 얼마나 많이 사랑했는지 아셨으면 좋겠어요. 제가 전혀 사랑스럽지 않았을 때에도 저를 사랑해 주셔서 감사해요."

의심할 여지없이 부모님은 나의 필요를 채워 주기 위해 최선을 다하셨고, 나 역시 부모님의 자랑스러운 딸이 되기를 간절히 원했다. 그러나 부모님과 나의 마음은 좀처럼 통하지 않았다. 우리는 마치 밤바다 위에서 서로 스쳐 지나가는 배들 같았다.

우리는 겉으로는 친밀한 가족처럼 보였다. 휴가도 함께 보냈고 골프도 쳤다. 내가 성장하면서 경험한 다양한 일들을 부모님이 자랑스럽게 지켜보시던 것을 기억한다. 나는 모범생이었다. 응원단장이었고 수석 클라리넷 연주자였으며 모교 방문 파티 때는 동급생 대표였다. 그러나 무대 뒤의 나는 굶주렸고, 성적으로 문란했으며, 도벽이 있었다. 부모님은 이런 나의 행동을 전혀 눈치채지 못하셨다. 나는 착한 딸과 나쁜 딸로서의 상반되는 역할에 관해 고민한 적도 없었고, 삶의 버거운 짐들에 관해 부모님과 상의해 볼 생각도 하지 못했다. 나도 모르는 어떤 힘이 내 삶을 이끌었기 때문이었다.

무엇이 문제였을까? 나의 부모님인가? 그분들이 이류였나? 아니면 나 자신인가? 입양되었다는 사실이 내가 하자가 있는 열등한 인간이라는 증거인가? 아니. 절대 그럴 리 없다. 우리의 문제이자 적은 바로 '무지'였다. 해결되지 않은 입양의 상실과 애도의 필요성에 관한 무지 말이다.

상실이라는 두 글자

인생의 대부분이 그러하듯 입양에도 긍정적인 면과 부정적인 변이 공존한다. 우리는 부정적이고 고통스러운 면인 상실을 인정하고 싶어 하지 않는다. 그러나 입양 자체는 상실에서 시작된다. 생부모는 자신의 분신과도 같은 생물학적 자녀를 잃고, 그 아이와 맺을 수 있었던 관계도 잃게 된다. 입양 부모는 자신을 쏙 빼닮은 생물학적 자녀를 출산할 기회를 잃는다. 그리고 입양 아동은 생부모를 잃고, 생애 초기에 가족에게 소속되고 수용되는 경험을 잃는다. 입양에 관련된 상실을 부정하는 것은 입양 삼자의 감정의 실제를 부정하는 것과 같다.

입양인의 상처는 거의 다루어지지 않는다. 그들의 상처는 마치 치료하지 못한 생인손[역주: 손가락 끝에 종기가 나서 곪는 병]과 같다. 심리학자이자 입양 전문 정신과 의사인 데이빗 M. 브로진스키David M. Brodzinsky 박사와 마셜 D. 섹터Marshall D. Schechter 박사는 ≪입양됨: 평생에 걸친 자아 찾기≫라는 통찰력 있는 저서에서 다음과 같이 말했다. "입양인의 상실은 우리가 삶에서 예측할 수 있는 사별이나 이혼 같은 상실과는 다릅니다. 입양은 보편적이지만 사회적인 인식이 부족하며, 생각보다 심오합니다."

슬픔은 상실에 뒤따르는 자연스러운 반응이다. 입양을 경험한 사람들은 상실의 장소로 다시 돌아가 고통을 느끼고, 분노로 소리를 지르고, 눈물을 흘릴 수 있어야 한다. 그리고 다른 사람들의 사랑을 받아들여야 한다. 상실을 적절하게 다루지 않으면, 그 슬픔은 가족 중 가장 큰 권위를 가진 사람을 향한 반항으로 드러나거나, 혹은 입양 아동의 엄청난 잠재력을 파괴하는 것으로 표현되기도 한다. 해결되지 않은 상실로 인해 입양인은 부모에게 반항하거나 순응하게 되는데, 자녀의 이러한 반응 때문에 부모가 아이에게 헌신하는 강도가 약해지면, 입양인은 홀로 고통을 겪기도 한다.

입양의 상실은 다소 이해하기 어려울 수 있다. 입양의 상실과 입양 가족의 다양한 역동을 보여 주기 위해, 입양을 접목이라는 원예 기술에 빗대어 설명하고자 한다.

자연이 주는 교훈

접목된 나무는 시선을 사로잡을 만큼 근사하고 특별하다. 접목된 나무는 자연의 법칙을 거스르며, 풍성한 나뭇잎과 뒤얽힌 뿌리들을 가지고 있다. 원예가에게는 접목이 원예학적으로 상당히 어려운 일이지만 결국엔 비할 수 없는 아름다움을 지닌 나무로 자라게 된다.

입양된 아이는 시선을 사로잡을 만큼 멋지고 특별하다. 입양된 아이는 당신과 다른 생물학적 특징들을 자주 보이며, 치유가 필요한 뒤얽힌 뿌리를 가졌다. 아이가 보이는 문제 행동들은 부모가 감당해야 할 도전 과제이다. 그러나 결국 아이는 비할 수 없는 아름다운 삶을 살아 낸다.

당신은 위의 설명에 어떻게 반응하겠는가? 누군가는 "네! 정말 그래요! 이건 우리 아이를 말하는 거예요. 이 특별한 아이가 우리 자녀라서 너무 기뻐요."라고 말할 것이다. 그러나 "우리의 입양 자녀가 우리를 성숙하게 만든다고 믿는 편이 낫겠어요. 우리 아이는 빛의 속도로 벽지를 찢거나 자기 방 벽에 구멍을 낼 수도 있어요. 언행이 반항적인데다 방에 있는 것을 갈기갈기 찢으며 눈물범벅으로 쓰러져 있다니까요."라고 말하는 사람도 있을 것이다.

있을 법한 반응의 스펙트럼 중 당신이 어디쯤에 있든지 간에 날 믿어도 좋다. 당신은 혼자가 아니다. 국립 입양 소식지 ≪보석 중의 보석: 입양 뉴스≫의 편집자인 나는 해답을 찾고자 하는 입양 부모들로부터 수많은 편지를 받는다. '입양한 제 아이에게 가장 효과적으로 부모 노릇을 하려면 어떻게 해야 하나요?', '앞으로 어떤 장애물들을 만나게 될까요?', '아이가 문제 행동을 하는 이유는 뭔가요?', '제가 무언가 잘못하고 있나요?' 입양 부모뿐만 아니라, 어릴 때 입양된 성인 입양인들도 오랫동안 묻혀 있던 자신의 과거를 다루는 데 도움이 될 방법을 찾고자 나에게 많은 편지를 보낸다.

나는 그들의 수많은 질문과 걱정을 이해할 수 있다. 내가 53년 전 생후 10일에 입양되었을 때, 나의 부모님도 오늘날 다른 입양 부모들이 자신의 자녀에게 바라는 것과 똑같은 바람을 갖고 계셨다. 부모님은 내가 잠재력을 충분히 발휘해서 번듯하게 자라길 간절히 원하셨다. 또한 부모와 자녀 사이의 친밀감을 간절히 원하셨고, 그 친밀감을 바탕으로 내 삶의 다른 모든 관계들도 건강하게 맺기를 바라셨다. 내가 지난 몇 년간 공부해 온 입양과 상실에 대해 부모님과 내가 좀 더 일찍 알았더라면 좋았을 테지만 안타깝게도 우리는 그러질 못했다.

내가 입양되던 1940년대에는 전문가들이 선한 의도로 입양 부모에게 입양 사실이나 출생 당시의 상황, 혹은 출생 가족에 대한 정보를 아이에게 알려 주지 말라고 조언했다. 더 나아가 그들은 "아기는 기억을 못 해요. 기질이나 외모의 다른 점에 대해서 말하지 마세요. 오히려 닮은 점을 강조하세요!"라고 말했다. 생모에게도 동일한 메시지를 전했다. "아무 일도 없었던 것처럼 당신의 삶을 사세요. 모든 게 잘 될 거예요."

오늘날에도 종종 이같은 조언을 하는데, 솔직히 나는 섬뜩함을 느낀다. 이것은 입양의 상실을 부정하는 기초가 되기 때문이다. 자신의 숨겨진 상실을 직면하고 애도하는 것을 허락받지 못한 수많은 입양인들과 그 가족들을 통해, 이러한 조언이 잘못되었음이 밝혀졌다. 아동 복지 감독관이자 개방입양 전문가인 제임스 그리터James Gritter는 희망으로 가득 찬 그의 책, ≪개방입양의 정신≫이라는 저서에서 이렇게 말하고 있다. "우리는 입양의 고통을 제거하거나 감상적으로 다루거나 더 나아가 미화하지 않도록 주의해야 합니다. 그 고통은 참으로 쓰라린 것이고, 지극히 개인적인 것이자 내밀한 것입니다. 입양의 고통은 개인에게 일어나는 어떤 일이 아닙니다. 바로 **그 사람 자체**입니다. 그 고통은 너무나 근본적인 것이어서 그것을 묘사하는 것은 사실상 불가능합니다."

물론 입양인들이 모두 동일한 방식과 동일한 강도로 상실을 경험하지는 않는다. 학대받은 모든 아이들이 자신의 상처에 같은 방식으로 반응하지 않는 것처럼 말이다. 30대 초반의 한 남성 입양인은 내게 이렇게 말했다. "우리 부부가 첫아이를 갖고 나서야 입양 부모님이 나의 출생 가족에 관한 약간의 정보를 알려 주셨습니다. 그리고는 내가 나의 역사를 알기 원하고 출생 가족을 찾기 원한다면 기꺼이 지원하겠다고 하셨어요. 부모님이 내가 그 일에 관심이 있을 거라고 생각하신 이유를 잘 모르겠어요. 나는 아무런 관심이 없는데 말이죠. 나는 항상 입양되었다는 사실이 아무렇지도 않았습니다. 게다가 부모님은 나의 부모님이잖아요. 나의 과거에 관해 지금 알고 있는 것보다 더 많이 알아야 할 필요를 별로 못 느끼겠어요. 나에게 입양과 관련한 문제가 더 남아 있다고 생각하지는 않습니다."

입양을 이와 같이 바라보는 관점이 드문 것은 아니지만, 대부분의 입양인들은 삶의 어느 지점에서 양가감정이나 고통스러운 감정을 마주하게 된다. 심리학자들은 많은 입양인들이 경험하는 생각과 감정을 '인지적 불협화음'이라 칭한다. 입양 전문가들은 이것을 '가계도 혼동[역주: 위탁이나 입양, 혹은 대리모를 통한 출생을 경험한 아이들이 느낄 수 있는 잠재적인 정체성 문제를 의미함]'이라고 부른다. 입양에 관해 진짜 전문가라고 할 수 있는 입양인 당사자들은 입양 경험을 훨씬 더 실제적인 언어로 표현하고 있다.

- "마음속으로 어렴풋이 무언가 잘못됐다고 느껴요."
- "나의 일부를 잃어버린 느낌이에요."
- "마음과 영혼 사이의 이해할 수 없는 싸움 같아요."
- "평생을 방황하고 불안해 하며 살아왔어요."
- "절대 찾을 수 없을 것 같은 답을 찾고 있어요."
- "나는 거절이라는 안경을 끼고 세상을 바라봐요. 번번히 거절당할 거라고 예상하죠."

상실을 애도하지 않았을 때 일어나는 일

입양 상실을 인정하지 않고, 말로 표현하지 않거나 애도하지 않으면 가족 구성원 모두가 고통받게 된다. 부모와 자녀 사이의 대화도 종종 겉돌게 된다. 부모가 (아이의 생일에) "오늘 무척 가라앉아 보이는구나. 무슨 생각을 하고 있니?"라고 물으면, 아이는 생모도 자기를 생각하고 있을지를 하루 종일 궁금해 하고 있었지만, "아무 생각도 안 해요."라고 대답한다. 혹은 내가 그랬던 것처럼 아이는 다양한 방식으로 문제 행동을 보인다.

3년간 문제 행동을 보였던 딸을 가진 엄마가 최근 내게 하소연하며 말했다. "저는 제 딸을 깊이 사랑하고 있어요. 아이가 회복되길 바라 왔죠. 그러다 보니 이제는 건강마저 잃었어요." 어떤 부모들은 낙심한 나머지 본인들은 자녀를 양육할 능력이 없다는 결론을 내리기도 한다. 그러면 입양 아동은 자신의 가장 큰 두려움이 실제로 드러났다고 믿는다. "나는 감당하기가 너무 벅차니까 거절당할 수밖에 없지."

자연에서도 동일한 역동이 일어난다. 나무의 접붙이기가 실패하면 결합 부위가 약해진다. 실패는 곧바로 드러날 수도 있고 수년 동안 눈에 띄지 않을 수도 있다. 입양모인 코니 가족의 사례를 들어 보자.

> 저희 딸은 15살이고, 생후 10주 만에 입양됐습니다. 딸아이는 놀라운 아기였고, 저희 가족과 친척들은 아이를 기꺼이 받아들이고 넘치도록 사랑했어요.
>
> 그런데 아이가 13살, 7학년이 되자 우울해했고, 살을 빼려고 처방전 없이 살 수 있는 약을 먹기 시작했어요. 딸아이는 급기야 자살을 시도했고 지역 병원의 청소년 병동에 2주간 입원했답니다. 아이는 우울증과 자살 충동, 거식증, 낮은 자존감과 과잉 행동 외에도 수많은 문제들로 치료를 받고 있어요. 초등학교 내내 예체능 과목을 포함하여 전과목 A학점을 받았고, 좋은 친구들을 많이 사귀었던 제 아이에게 이 모든 문제들이 생긴 거예요.
>
> 저희는 두 명의 친생자 딸이 있습니다. 저희 가족과 결혼 생활은 이러한 위기로 인해 혹독한 대가를 치르고 있어요. 딸아이가 우리와 살면서 일으키는 문제들을 더 이상은 감당할 수 없을 것 같아요. 그렇다고 아이를 '떠

나보낸다'면, 그건 딸아이가 영아기 때 생물학적 부모에게서 받았던 거절을 또 다시 경험하도록 만드는 거잖아요.

혹시 우리가 겪는 것과 같은 입양 문제를 전문적으로 다루는 지지 모임이나 상담 치료사, 또는 프로그램을 아신다면, 최대한 빨리 알려 주시길 부탁드립니다. 이렇게 엉망진창인 상황에 놓인 저희를 도와주셔서 감사합니다.

입양 상실을 애도하지 못하는 또 다른 이유는 입양 아동이 겉으로는 '괜찮아' 보이기 때문이다. 그러나 많은 입양인들과 이야기를 나누어 보면, 다른 사람이 다가오지 못하게 입양인 스스로가 자신의 주위에 높은 벽을 치고 있다는 사실을 분명히 알게 될 것이다. 그것은 완벽주의와 성취, 모든 일을 스스로 해결하려는 성향의 '자급자족'이라는 벽이다. 입양인은 자신이 가장 원하고 필요로 하는 것을 오히려 자주 거부한다.

입양인이 말하지 않는 이유

입양의 상실을 애도하지 않는 것이 그렇게 심하게 상처를 주는 것이라면 입양 아동이 상실에 대해서 말하지 않는 이유는 무엇인가? 그것은 바로 **두려움** 때문이다. 입양인 대다수가 거절을 두려워하고 있다. 그들의 논리는 이렇다. "누군가가 내 속에 깊은 애정 결핍과 상처가 있다는 것을 알아차리면 왠지 나를 거절할 것 같아요. 그렇게 되면 난 어쩌죠? 내 곁엔 아무도 없을 거예요."

부모인 당신은 당연히 "저는 절대로 아이를 그렇게 대하지 않을 겁니다."라고 말할 것이다. "내 아이는 나에게 너무나 소중해요. 아이를 거절하는 일은 결코 없을 거예요." 당신이 입양 자녀가 미처 말하지 못한 요구를 감지할 만한 민감성을 지니려면, 더할 나위 없이 소중한 당신의 아이를 만나기 훨씬 전에 일어났던 일, 즉 아이의 세계관을 영원히 바꾸어 놓은 그 사건을 반드시 이해해야 한다. 아이를 가장 사랑하는 방식으로 입양을 계획하고 진행하였고, 혹 당신이 아이의 출생 시에 함께 있었다 하더라도, 아이는 생모의 친권 포기와 생모로부터의 분리를 거절과 상실의 의미로 받아들인다. 결국 아이는 "입양 부모도 나를 또 거절하겠지."라고 결론 내리기 쉽다.

출생 가족과 입양 가족 모두와 건강한 관계를 맺으면서, 입양 문제를 다루는 개인 상담을 계속 받아 오던 한 중년의 입양인은 이렇게 회상했다. "내 마음 깊은 곳에 엄마를 잃은 어린 아기가 있다는 걸 깨달았어요. 나는 너무나 슬퍼서 걷잡을 수 없을 만큼 울었답니다."

많은 입양인들은 자신이 속한 입양 가정이 얼마나 긍정적이었는지와는 별개로 차마 말하지 못하는 거절의 두려움을 안고 살아간다. 그러나 당신은 "나는 항상 내 아이가 자신의 출생과 입양에 관해 말하도록 격려해 왔어요."라고 말할 수 있다. 나는 몇 달 전에 입양 지지 모임에서 한 입양모가 이와 같이 말하는 것을 분명히 들었다. 그녀가 자신의 딸에게 아이의 생모에 관해 무심코 말하자, 일곱 살 여자아이는 "그런 얘기 해도 괜찮은 거예요?"라고 조심스레 물었다고 한다. 그녀는 딸에게 헌신적이었고, 최신 입양 서적은 모두 섭렵할 정도로 노력하는 엄마였지만, 딸아이의 질문에 놀랄 수밖에 없었다.

이는 입양인은 자신의 불편한 감정을 말하도록 용인되어야 할 필요가 있다는 것과, 입양인이 스스럼없이 말할 수 있도록 적극적으로 이끌어 주고 격려해야 할 필요가 있음을 잘 보여 주는 사례이다. 이는 우리가 말하는 20가지 속마음 중 하나이며, 이 책 후반부에서 좀 더 상세히 다루도록 하겠다.

입양인이 말하지 못하는 또 다른 이유는 상실에 따르는 고통이 다소 환상적이고 미묘하며, 마땅히 표현할 말을 찾기가 어렵기 때문이다. 저명한 아동 정신 분석가인 셀마 프레이버그Selma Fraiberg는 ≪모든 아동의 생득권≫이라는 저서에서 다음과 같이 말했다.

> 만 1세 미만의 아기가 자신에게 트라우마를 남긴 원부모와의 분리를 '기억'할 수 있을까요? 그렇지 않습니다. 아기는 이 사건을 회상이 가능한 일련의 장면들로 기억하지는 못할 겁니다. 아기가 기억하고 내재화한 것은 원시적 형태의 두려움인 불안이며, 이는 이후의 삶에서 파도처럼 되돌아옵니다.
>
> 상실과 그로 인한 위험은 정기적으로 되풀이되는 주제가 되거나 삶의 패턴이 됩니다. 내재화된 기억은 이후 인생에서 뿌리 깊은 감정 기복이나 우울감이 될 수 있습니다. 이러한 최초의 비극적 상실로 인해 신체화된 기억은 심지어 잊혀진 과거로부터 되살아나기도 하는데, 역설적이게도 기쁨과 성공의 순간에도 되살아납니다.
>
> 또한 이 내재화된 기억은 신뢰감을 떨어뜨려 사람들 사이에서 사랑과 보호를 받으며 연속적인 경험을 쌓아가야 할 유아기의 안정된 세상을 파괴합니다. 생의 첫 번째 유대 관계를 끊어 버린, 아이 자신의 의지와 상관없었던 운명은 사람에 대한 신뢰를 무너뜨리거나 산산이 깨뜨려 다시 사랑받게 되더라도 기꺼이 사랑을 되돌려 주지 못할 수 있습니다. 결정적으로

이 내재화된 경험은 출생 첫해에 형성되는 초기의 성격을 손상시켜 이후의 발달 과정에도 깊은 영향을 미칠 수 있습니다.

부당한 죄책감 역시 많은 입양인들이 자기 주위에 쌓아 두는 또 다른 벽이다. 부당한 죄책감은 우리가 통제할 수 없는 상황에서 일어난 고통스러운 일에 책임감을 느낄 때 경험하는 감정이다. 이혼한 가정의 아이들, 남편의 무덤을 찾은 부인, 모든 연령대의 입양인이 이러한 부당한 죄책감을 느낀다. 많은 입양인들은 자신이 통제할 수 없었던 상황에서 출생 가족과 이별한 쓰라린 상실로 인해 부당한 죄책감을 느낀다. 그들은 단지 자신이 살아 있는 것만으로도 죄책감을 느끼며, '사생아'나 '혼외자'라는 단어만 들어도 위축된다.

성인 입양인이 말하는 것을 들은 적이있다. "나는 항상 누군가가 나에게 친절을 베풀면 꼭 되갚아야 할 것 같아요. 나는 그냥 받기만 하는 건 절대로 못 하겠어요." 다른 남성 입양인은 이렇게 말했다. "마치 내가 입양 가정이라는 완벽한 호텔에 묵는 투숙객 같다는 느낌을 지울 수가 없었어요. 내 침대를 반듯하게 정돈하고 수건을 깔끔하게 개기도 했답니다."

희 망 은 　있 다

입양 가족의 건강한 접목이 쉽지 않다는 것은 확실하다. 또한 그것은 자연스럽게 저절로 생기는 일이 아니다. 오히려 그것은 희생적인 사랑과 헌신적인 노력의 결과이다. 부모나 상담사가 해결되지 않은 입양의 상실과 관련된 아이의 행동 징후를 주의 깊게 관찰하거나, 말로 표현되지 않지만 어떠한 징후를 보이는 아이의 요구와 감정들을 이해할 때 비로소 건강한 접목이 가능해진다. 또한 아이가 정체성을 확립하고 자신의 감정이나 요구를 언어화할 수 있도록 부모가 아이와 편하게 소통하며 아이를 이끌어 줄 때 가능한 일이다. 여기에서 치유가 시작된다. 부모로부터 나온 섬세한 조직들이 뒤얽혀 접목된 나뭇가지를 지속적이고 견고하게 지지한다. 이는 미래의 건강한 관계를 위한 모형이 된다.

접목할 때, 가끔 불친화성의 문제가 생기기도 하는데, 이럴 때는 원줄기와 접수된 가지 사이에 제3의 요소를 접목해서 해결할 수 있다. 제3의 요소는 줄기와 가지 모두가 받아들일 수 있는 것을 사용한다. 마찬가지로 입양에서도, 종종 유대 애착 전문가의 개입으로 애착 문제를 해결할 수 있다. 물론 그 전문가는 입양에 관한 깊이 있는 지식과 훈련, 경험을 갖춘 사람이어야 한다.

해결되지 않은 입양의 상실은 결코 정복하지 못할 산이 아니다. 입양인은 연령에 관계없이 타인과 감정적으로 접촉하는 방법과 건강한 관계를 형성하는 방법을 배울 수 있다. 입양 자녀와 함께 앞에 놓인 도전과 장애물을 성공적으로 헤쳐 나가는 법을 이해한다면, 당신은 아름답고 건강하게 성장하는 아이와 가정에 대한 소망을 결코 빼앗기지 않을 것이다.

2장
아이의 세상으로 들어가기

드디어 아이를 데려오는 날이 되었다. 영원히 오지 않을 것 같았던 그날이 온 것이다. 가정 조사도 마무리되었다. "안 되면 어쩌지?"라는 고민도 지나간 일이다. 모든 것이 순조롭다.

간호사가 당신이 가져간 옷을 아기에게 갈아입히는 동안 생모는 눈물을 머금고 입양 동의서에 서명을 하고 있다. 친척들은 아기가 오기를 고대하며 입양 부모의 집에 모여 함께 식사를 하려고 상을 차리고 있다. 모두들 축제 분위기에 목소리는 들떠 있고 흥겹다. 모든 사람들이 지켜보는 가운데 입양 부모가 아기를 안고 아기의 새로운 집에 들어서자 카메라 플래시가 터지고 비디오 카메라가 돌아간다. 모두들 한마디씩 한다. "와, 진짜 사랑스럽다." 할아버지, 할머니가 처음으로 아기를 안아 보고, 그 다음엔 삼촌과 이모들, 사촌들이 차례로 안아 본다.

아기는 마치 무슨 일이 일어나는지 알지 못하는 듯 각 사람들 품에 고요히 안겨 있다. 그러나 어느 누구도 그 하얗고 고운 드레스 안에 슬픔으로 가득 찬 작디작은 마음이 있다는 것을 눈치채지 못한다. '엄마'가 어디 있는지 어리둥절한 그 마음. 엄마 냄새, 엄마 목소리, 엄마의 심장 소리, 엄마의 몸.

'엄마는 어디 간 거지?'

이것이 바로 당신의 입양 자녀가 당신과 함께 살기 위해 집으로 온 첫날 경험하는 원초적 상실이다. 당신이 아기를 품에 안기 전에 아기는 자신의 생모와 자신에게 의미 있는 모든 것을 잃었다. 이것은 치명적인 충격으로, 아기의 전 생애에 영향을 미친다. 마치 걸음마를 시작한 어린 아기가 교통사고로 양친을 잃은 경우와 흡사하다. 다만 입양의 경우엔 상황 종료라는 게 없을 뿐이다. 장례식도 없다. 슬픔을 알아주지도 않는다. 아기가 느끼는 실제적인 감정과 아기 주변에 일어나고 있는 상황은 참으로 대조적이다. 아기는 슬퍼하고 있는데 다른 이들은 즐거워하고 있다. 아기는 상처를 입었지만 아무도 눈치채지 못한다. 아기는 위로와 보살핌이 필요한데 다른 이들은 오히려 축하하고 있다.

자녀를 위해 최선을 다하고 있는 입양 부모들이 이 이야기를 듣는다면 무척이나 곤혹스러울 것이다. 자신의 자녀가 입양되기 전에 경험한 충격을 입양 부모가 인식하고 나면, 부모는 무력감을 느끼며 아이가 그 문제를 다룰 수 있도록 돕기보다는 아이의 현실을 외면하기 쉽다.

입양인의 상실에 대한 주제는 부모나 정신 건강 전문가들에게 똑같이 불편한 것인데, 이는 입양인이 느끼는 고통의 깊이가 엄청나기 때문이다.

≪고아들≫의 저자, 아일린 심슨[Eileen Simpson]은 다른 이의 고통에 동참하는 것에 대한 이러한 두려움을 잘 묘사한다. "고아들은 즐거움이 없습니다. 울지도 않고 비명이나 소리도 지르지 않고 특이하게 행동하지도 않습니다. 그 대신 침묵 가운데 방문객들을 관찰합니다. 사람들을 밀어내는 듯한 그 아이들의 눈을 들여다보면서 무엇을 말하려 하는지 알아내는 것은 내키지 않는 일이었습니다. 마치 보이지 않는 끈들이 슬픔의 올가미가 되어 잡아끄는 것

같은 두려움이었습니다."

입양 자녀의 감정의 세계 속에서 발견할 것들을 어떻게 다룰지 확신이 서지 않는다면, 입양 부모는 두려움을 느껴 선뜻 아이의 세계로 들어가지 못할 수 있다. 이 책의 두 번째 장에서는 입양 부모가 효과적으로 자녀의 현실과 소통하고, 자녀가 숨겨진 상실을 건강하게 애도하는 데 실제로 도움이 되는 것을 알려 주고자 한다. 우선 아이의 입장이 되어 입양 경험을 더욱 자세히 살펴보자.

출생 전의 경험

우리가 기억해야 할 중요한 개념은 아이의 입양에 관한 인식이 출생 순간이나 입양 당일이 아닌, 생모의 자궁 속에서 보낸 첫 아홉 달의 기간부터 시작된다는 점이다. 생모의 자궁은 아이의 핵심 성격이 신비롭게 엮어진 곳이기도 하다.

토마스 버니Thomas Verny 박사와 존 켈리John Kelly는 ≪태아의 비밀스러운 삶≫라는 저서에서 놀라운 이야기를 하고 있다. "많은 연구들이 자궁 속의 아기가 듣고, 맛보고, 느끼고, 배우며, 아기가 경험한 것을 통해 자신에 대한 태도와 기대감을 형성한다고 동일하게 진술하고 있습니다. 태아는 엄마가 느끼는 애증과 같은 미분화된 광범위한 감정뿐 아니라 양가감정이나 모호한 감정 같은 희미한 감정도 느끼고 그에 반응할 수 있습니다."

당신은 "이것은 내가 받아들이기엔 좀 지나친 감이 있네요."라고 말할지도 모르겠다. 이 말은 입양모인 엘렌이 버니 박사의 강연에서 생후 3일에 입양된 갓난아기가 슬픔을 느낀다고 말하는 것을 듣고 난 뒤 한 말이기도 하다. 그러나 얼마 후 그녀는 태어난 지 3일째 입양된, 자신의 일곱 살 난 아들에게 입양 당일에 느꼈던 것을 물어보았다. 아이의 반응은 가히 놀라웠다. "나는 엄마 아빠가 누군지도 몰랐고, 이름도 몰랐잖아요. 나는 너무 무서웠어요."

입양 자녀의 삶의 첫 이야기는 자궁 속에서부터 시작되어 감정의 렌즈를 만들어 내고, 아이는 이 렌즈를 통해 출생 이후의 삶을 해석한다. 많은 생모들은 어쩔 수 없이 입양을 선택하지만 자신의 뱃속에 있는 아기를 사랑한다. 그러나 어떤 생모는 아기를 거부하고 아기가 자궁 밖의 삶에서 지고 가야 할 고통을 더하기도 한다. 대부분의 영아 입양은 위태로운 임신의 결과이기 때문에 생모가 지속적으로 겪는 정서적 괴로움은 아기에게 부정적인 영향을 끼칠 가능성이 있다. 만일 생모가 아기로부터 정서적으로 자신을 분리하며 자기 보호의 길을 선택한다면, 아기는 거절감을 느끼게 되고 생모가 보았던 거절이라는 렌즈를 통해 자신의 삶을 바라보게 된다.

버니 박사는 다음과 같이 말한다. "여성이 아기에 대하여 갖는 생각은 매우 중요한 차이를 낳습니다. 사랑, 거절 혹은 양가감정과 같은 감정들은 아기의 정서적 삶을 정의하고 형성하기 시작합니다. 생모가 만들어 내는 것은 외향성이나 낙천적인 적극성 같은 명확한 성격 특성들이 아닙니다. 이것들은 대부분 어른들에게나 의미가 있는 성인의 언어이며 너무나 구체적이고 정교하게 맞춰져 있어, 태어나지도 않은 6개월짜리 태아의 정신에 적용하는 것은 무리입니다. 태내에서 형성되는 것은 내면에 더 깊게 뿌리 내리는 안정감이나 자존감 같은 성향입니다."

십 대의 입양인 레베카는 자신의 트라우마에 대해 이렇게 말한다. "내가 생모의 배 속에 있었을 때, 나는 무시당했고, 잊혀졌고, 거절당했어요. 내가 태어나기도 전에요. 나의 생물학적 엄마는 그 당시 열여덟 살밖에 되지 않았고, 결혼도 하지 않은 데다가 다른 나라에서 혼자 지내고 있었어요. 나는 태내 거절 증후군을 가지고 태어났어요. 나는 촉감이나 감정에 반응하려고 하지 않았고 분유도 그야말로 억지로 먹었지요. 입양 부모님과 언니, 오빠 모두 최선을 다해 날 사랑했지만 난 여전히 아무런 반응도 하지 않았어요."

입양 부모가 할 수 있는 가장 헌신적인 사랑은 내 아이는 '반드시 이래야 한다'라는 편견과 계획을 포기하고, 자녀가 자주 경험하는 감정과 사고의 갈등에 열린 자세로 귀 기울이는 것이다.

입양모이자 의학 박사인 수전 피셔Susan Fisher와 메리 왓킨스Mary Watkins 박사의 통찰력 있고 실제적인 저서 ≪어린 자녀와 입양 말하기≫가 들려주는 말에 귀 기울여 보자. "나의 자녀들이 자신을 정상이라고 느끼고, 자신의 입양에 관한 모든 의문들이 해결되었다고 느끼며, 우리의 자녀가 된 것을 멋지고 자연스러운 일로 경험하기를 늘 바라 왔습니다. 하지만 아이들과 함께 입양과 출생에 관한 이야기를 나눌 때마다, 나의 소망과는 상관없이 현실에서는 아이들에게 입양이 고통스러운 갈등을 야기한다는 사실이 드러나곤 했습니다.

결국 나는 내 이상과 현실의 확연한 간극을 직면하고 말았습니다. 이 글을 쓰는 동안, 테디와 애나가 이러한 간극을 **자주** 마주했던 것이 떠오릅니다. 이 간극은 우리 가족이 처한 명백한 현실이므로 아이들을 포함한 우리 가족 모두가 주의를 기울여 이 간극을 이해하고 그것을 좁히려고 지속적으로 노력할 것입니다."

당신은 이렇게 생각할 것이다. '좋아요. 동의해요. 내 아이의 입양에 관한 인식이 나와 상당히 다를 수 있다는 것을 깨달았고, 입양에 관한 나의 확신도 기꺼이 포기할 수 있어요. 그렇다면 이제는 어떻게 해야 아이의 세계로 들어갈 수 있나요?'

접근 방법

아이의 세계에 접근하지 못하고, 아이가 자신의 숨겨진 상실을 성공적으로 해결하지 못하게 만드는 확실한 방법 7가지는 다음과 같다.

- 최대한 오랫동안 입양에 관한 대화를 피하라. 아이가 자신의 과거를 절대로 묻지 않기를 원하라.
- 입양 자녀와 당신의 생물학적 가족 사이의 다른 점을 부정하라. "넌 우리와 꼭 닮았어.", "너는 아빠랑 정말 닮았구나."가 대표적인 예이다.
- 입양에 관해 불편한 감정을 표현하는 것을 고쳐 주면서 입양의 긍정적인 면을 부각하라. "네가 받은 복을 세어 보렴.", "입양되었으니 너는 참 행운아야. 감사하거라."
- 아이의 인생이 입양된 날부터 시작된 것처럼 행동하라. 아이의 출생이나 출생 가족에 대해 언급하지 말라. 부모과 자녀 모두 혼란스럽기만 할 것이다.
- 몸짓을 통해 무언의 압력을 가하며 '말하지 않기' 규칙을 강요하라. 떨리는 입술이나 굳게 다문 턱이 그 규칙을 더욱 분명히 알

려 줄 것이다.

- 아이가 '진짜 부모'와 같은 단어를 사용하면 확실하게 화를 내라. 이를 아이의 호기심과 해결되지 않은 슬픔에 대한 단순한 표현으로 받아들이지 말고, 아이가 당신을 거절한 것으로 해석하라.
- 아이가 출생 가족을 찾고 싶어 하는 욕구를 묵살하며 수치심을 심어 주라. "왜 긁어 부스럼을 만들려고 하니?", "지나간 일은 잊어버려라."

아이의 세계에 성공적으로 들어가려면, 대신 조금 더 용기 있게 접근하도록 노력해야 한다. 본 책의 두 번째 부분에서 이를 더 많이 다룰 것이다.

- 가능하다면 처음부터 입양의 현실을 인정하라. 아기의 기저귀를 갈거나 좀 더 큰 아이를 품에 안으면서 입양 언어를 사용하라. "우리는 너를 입양해서 정말 기뻐. 네가 내 아이라는 것이 정말 좋구나." 이런 식으로, 입양을 부정하지 말고 오히려 친숙하게 하라.
- 아이가 입양 이전을 인식하도록 돕는 대화를 시작하라. "낳아 주신 엄마가 궁금한 적 있니? 낳아 주신 엄마를 닮았는지 궁금한 적 있어? 엄마는 가끔씩 궁금하더구나." 혹은 출생 가족과 생의 얼마간을 함께 보낸 큰 아이를 입양한 경우라면, "낳아 주신 엄마 아빠와 함께한 삶은 어땠니? 그때의 기억을 우리와 나누고 싶다면 우리는 항상 들을 준비가 되어 있으니까 언제든지 이야기해 주렴."이라고 말할 수 있다.

- 우리 가족에게 입양은 감격적인 것이었지만, 동시에 특별한 도전이 된다는 사실을 인정하라. 웹스터 사전이 정의하는 '인정'이란 단어는 아이에게 필요한 것이 무엇인지 명백히 보여 준다. '구체화하다, 공식화하다, 유효하게 하다, 인증하다, 공식적으로 승인받다.' 다섯 명을 입양한 한 엄마는 입양이 단지 지나간 한때의 사건이 아닌, 그들의 매일의 삶에 영향을 미치는 것이기에 그녀와 아이들에게 입양은 일상의 화젯거리라고 말했다.
- 부모의 기준으로 판단하지 말고 안전한 환경을 조성하여, 당신의 자녀가 어떠한 감정이나 생각, 질문이든 자유롭게 표현할 수 있도록 하라. 아이에게 "네가 그렇게 느끼는 건 괜찮아. 조금 더 말해 봐."라고 말할 수 있게 연습하라.
- 입양 자녀와 당신의 생물학적 가족 사이의 다른 점을 기뻐하라. "너의 창의성이 우리 가족을 풍성하게 하는구나. 우리가 한 가족인 것이 큰 복이라고 생각해."
- 아이가 자신의 생물학적 가족을 만나 보고 싶어 하는 욕구를 표현하지 않을 수 있음을 항상 인지하라. 나는 아이를 보내는 날 딸에게 은으로 된 저금통을 준 한 생모를 알고 있다. 그 저금통은 아이를 절대로 잊지 않겠다는 징표였다. 그 아이의 입양 부모는 해마다 입양 기념일에 그 저금통에 1달러씩 넣어서 생모가 딸에게 선물로 준 생명을 기념하였다.
- 아이가 성장해 가면서 자신의 출생 가족을 찾거나 다시 만나려는 욕구를 보인다면 그 욕구를 존중하라. 당신의 지지를 말로 표현하라. 아이가 출생 가정의 학대나 방치 때문에 당신의 가정

에 입양되었다 해도, 아이는 과거의 트라우마를 극복하기 위해 어떤 방식으로든 원가정과 다시 연결될 수 있다. 자신이 필요한 것을 알아차리는 아이의 본능을 신뢰하고 아이가 과거로의 여행을 통해 어떤 결과를 얻게 되든지 견고한 안정감을 느끼도록 도와주라.

입양의 개방 정도

지금까지 설명한 접근법이 생소할 수 있다. 혹은 받아들이고 싶지 않거나, 화를 내며 이렇게 말할지도 모르겠다. "나는 아이의 출생 가족에 대해 언급하고 싶은 마음은 추호도 없어요. 그것은 우리 가족 내에 분열과 혼란만 야기할 뿐이에요." 일단 입양의 종류와 그 차이점을 비교하며 보다 명확히 설명하겠다.

비공개 입양은 대리인이나 입양 기관의 중개로 연결된 경우이다. 여기에 생부모와 입양 부모 간의 직접적인 만남은 없다. 입양 기록은 봉인되며, 입양인이 출생지 관할 법원에 정보를 요청할 경우 생부모의 신분이 노출되지 않은 정보만 받을 수 있다. 입양 부모는 기관이 생부모를 대신해서 작성한 이름으로 수정된 출생증명서를 받을 뿐이다. 입양 전문가들과 가족, 친구들은 좋은 의도로, 입양에 관련된 모든 이들에게 '지나간 일은 뒤로 묻어 두고' 자신의 삶을 살아가라고 강력히 권한다.

반개방 입양은 중개 기관이 있고, 입양 부모와 생부모 사이에 제한된 정보의 유입이 있는 경우이다. 생모는 자신이 원하는 입양 부모의 조건을 제시하고, 입양 부모는 자신들의 정보와 상황을 제공한다. 그리고 생모가 입양 부모를 선택한다. 생부모와 입양 부모는 관계를 지속할 수 있다. 단, 기관을 통해서 익명으로만 가능하다. 생모는 아이가 커 가는 사진을 요청할 수 있으나, 그 요청을 받아들일지는 입양 부모의 재량에 달려 있다. 기관을 통해 출생 가족이 아이에게 선물을 보낼 수 있지만, 그 선물을 받을 것인지 말 것인지 역시 입양 부모가 결정할 수 있다. 아이의 입양 기록은 봉인되고, 신분이 노출되지 않은 정보만 이용할 수 있다. 공식적인 입양 통계에는 나와 있지 않지만 많은 입양 전문가들은 반개방 입양이 현재 미국에서 가장 보편적으로 이루어지는 입양 형태라고 보고 있다.

개방 입양은 생부모와 입양 부모 모두가 아이의 성장에 현저하고 필수적인 기여를 할 수 있음을 인정한다. 이 입양은 아이를 위해 생부모와 입양 부모가 지속적인 관계를 유지하고 관계를 발전해 나가는 형태이다. 이 관계는 두 쌍의 부모가 아이에게 최선의 삶을 제공하기 위해 역할을 공유하는 재혼 가정과 비슷하다. 따라서 생부모와 입양 부모는 입양인이 인생을 세워 갈 수 있는 두 개의 기반을 제공하게 된다.

내가 특정한 입양 형태를 권유하려는 것은 아니다. 나는 각 가정마다 복합적인 상황이 있다는 것을 이해한다. 때로는 개방 입양이 불가능한 경우도 있다. 그렇긴 하지만 나는 입양에 있어서 **개방 상태**를 지지한다. 개방 상태라 함은 아이의 **모든** 역사를 정직하고 솔직한 방식으로 적절한 시기에 아이와 공유하는 것을 의미한다. 어떤 정보도 숨기지 않으며 아이가 준비가 되었을 때 자유롭게 정보를 주는 것이다.

많은 입양 부모가 개방을 어려워하고 두려워하는 한 가지 이유는 입양에 대한 사회의 부적절한 시선이나 고정 관념 때문이다. 그것은 생모를 문란한 여자로 여긴다든지 입양인은 문제가 있다는 인식 또는 입양 부모는 차선이라는 편견이다. 게다가 입양 가정도 출산을 통해 이루어진 가정과 똑같아야 한다는 수치심에 기반한 근거 없는 믿음을 많은 입양 가정들이 은연중에 받아들이고 있다. 어떤 사회에서는 단지 입양에 관련된 상실을 언급하는 것만으로도 배은망덕하다거나 불효라고 받아들이기도 한다.

입양 가정이 출산을 통하지 않고 가정을 이루었다는 사실은 부정적이거나 부끄러운 것이 아니며, 이 사실을 인정한다고 해서 입양 제도를 부당하게 비난하는 것도 아니다. 접목된 나무가 다른 나무들과 똑같은 것처럼 입양 가정을 꾸려 나가는 것은 여느 다른 가정과 똑같다. 여기에서 더 나아가 오히려 입양 가정은 독특한 아름다움을 지니고 있으며 그들만의 고유한 과제도 가진다.

접목할 때 나무의 두 부분은 각각의 정체성을 유지한다. 유전자는 뒤섞이지 않는다. 모과에 접목된 배는 더 크게 열리지만 여전히 배의 모양을 하고 배의 맛을 낸다. 마찬가지로 입양인들도 독립된 생물학적 정체성을 가진다. 입양인의 감정 중 중요한 어떤 부분은 입양 가족이 관심을 갖고 지켜보기 오래전부터 형성된 것이다. 입양 부모는 이런 생물학적 차이를 위협적으로 느끼기보다 오히려 이 차이를 입양인의 독특한 정체성과 개성을 즐기기 위한 발판으로 삼으면 된다.

소중한 자녀의 비밀 세계로 들어가려면 지혜와 세심함을 갖추어야 한다. 입양된 자녀가 부모에게 바라는 것을 **귀 기울여 듣고** 적절하게 반응하여, 아이의 상처받은 마음을 치유하도록 도울 수 있는 최고의 방법들은 이 책의 나머지 부분에서 다루겠다.

부모가 알아야 할

입양인의 속마음

20가지

2부

부모가 알아주길 바라는 아이의 속마음 20가지

3장

"나는 입양되기 전에 깊은 상실을 겪었어요. 그것이 부모님의 책임은 아니에요."

이제 당신은 보다 깊은 통찰력과 섬세함을 가지고 아이의 세상으로 들어갈 채비를 갖추어, 아이의 비밀스러운 생각을 듣게 될 것이다. 아이의 숨겨진 상처를 인식하게 되고, 아이의 특별하고 내밀한 필요들을 마주할 것이다. 그렇다면 그 다음 단계는 무엇일까?

어쩌면 당신은 입양 부모로서 입양의 현실에 관해 불편함을 느끼거나 아이를 보호하려고 방어적인 태도를 취할 수 있다. 입양 전문가이자 작가인 제인 스쿨러Jayne Schooler는 입양인의 상처라는 주제가 드러나는 순간에 대해 이렇게 말했다. "많은 입양 부모들이 마치 자신 앞에 방패를 치는 것 같아요. 그들은 자녀가 하는 말을 한마디도 들을 수 없습니다." 입양모인 엘렌은 "입양인의 상실에 대해 들을 때 마음이 찢어지는 것 같았어요. 제 어린 딸이 과거에 상처를 받았고 현재에도 아프다고 생각하는 것 자체가 견디기 어려웠어요."라고 말했다.

아이의 고통 속으로 들어가는 것은 괴로운 일이다. 만일 아이가 명백한 문제를 특별히 드러내지 않는다면, 당신은 아이 내면의 모든 것이 괜찮다고 손쉽게 결론 내릴 것이다. 하지만 모든 입양 아동에게는 상처가 있다. 새로운 가족의 품에 안기기 전에 이미 깊은 상실을 경험했기 때문이다. 다음은 아이가 당신에게 맨 처음으로 알려 주기 원하는 것이다. "나는 슬픔의 아이예요. 나는 상실을 통해 당신에게 왔어요. 그 상실은 당신의 잘못도 아니고, 당신이 지워 버릴 수 있는 것도 아니에요."

내가 열두 살이었을 때, 가장 친한 친구의 엄마가 암으로 돌아가셨다. 친구의 가족들이 슬픔에 빠져 관을 뒤따라 교회 통로를 걸어가던 모습을 아직도 기억하고 있다. 나는 조문객들 사이에 서 있었는데, 걷잡을 수 없이 몸이 떨리기 시작하더니 마치 화산이 폭발하듯 갑작스레 흐느껴 울기 시작했다. 돌아가신 분이 나의 엄마도 아니었는데 너무나 당황스러웠다. **'혹시 나의 엄마였나?'**

부모님은 나를 달래려고 최선을 다하셨지만, 당시의 상황이 입양인의 해결되지 않은 상실을 어떻게 자극하는지에 대한 지식이 전혀 없으셨다. 부모님은 나의 극단적인 슬픔을 사춘기의 감정 폭발쯤으로 여기셨다. 9개월 동안 나를 품고 심장 박동 소리와 함께 자궁에서 안전하게 나를 지켜 주었지만, 얼굴조차 본 적이 없는 엄마를 그리워하며 슬퍼하고 있다는 것을 부모님은 눈치채지 못하셨다. 그렇다. 나의 상실은 내 친구의 상실과는 달랐다. 나의 상실에는 죽은 몸도 없었고 장례식도 없었으며 저녁 식탁의 텅 빈 자리도 없었다. 그렇지만 그 상실은 진짜였다.

부모님은 나의 슬픔에 방어적으로 반응하셨다. 나를 속상하게 하는 일이 생길 경우, 나를 보호하기로 작정하신 것이다. 그런 이유로 몇 달 후 할머니가 돌아가셔서 가족들 모두가 장례식에 참석했을 때 부모님은 나를 데려가지 않으셨다. 부모님은 당신들이 최선의 선택을 하고 있다고 생각하셨다.

그러나 사실은 정반대였다. 부모님의 과잉보호로 나는 입양과 관련된 상처를 훨씬 더 깊은 곳에 묻었고, 나의 슬픈 마음을 다른 사람에게 보이지 않겠다고 더욱 굳게 결심했다.

고통을 끌어안는 것을 배우라 — 아이의 고통과 당신의 고통

나의 이야기가 특별한 것은 아니다. 대부분의 입양 부모는 아이가 상실을 애도하고 마무리를 짓도록 돕는 대신에, 아이가 경험한 과거의 상실을 부인하고 입양을 낭만적으로 묘사한다. 인정하고 공감하기보다는 상처에 소금을 뿌리는 것 같은 고통을 줄 수 있는 낭만적인 말들을 늘어놓는 것이다. "너는 선택받은 아이란다!", "네가 선택된 것에 감사해라. 그렇지 못한 다른 아이들을 생각해 보렴." 너무나 안타깝게도, 상실을 부정하고 애도하지 않으면 부모와 자녀는 건강하고 친밀한 관계를 맺지 못하고 오히려 멀어지게 된다.

웹스터 사전은 낭만주의를 "공상적이고 터무니없으며 비현실적인 이상주의, 꿈꾸는 것 같은 눈망울, 꿈꾸는 듯한 상태, 구름 속을 떠다니는 생각, 현실에서 벗어난 것"으로 정의한다. 자신도 모르게 그동안 입양 낭만주의자로 살아온 것은 아닌가? 만일 그렇다면, 바로 지금이 입양에 관한 진실을 샅샅이 찾아 나설 적기이다.

돌아보면, 부모님은 내가 감정적으로 쉽게 상처를 입을까 봐 두려워하고 계셨다. 나의 감정적인 연약함이 부모님 자신의 해결되지 않은 슬픔과 상실, 극도의 무력감을 자극하는 계기가 되었던 것 같다. 자녀를 돕는 최선의 방법은 입양 이전에 있었던 부부의 불임이나 유산, 사산 혹은 아이의 사망과 같은 자신의 상실을 애도하는 것이다. 그리고 입양된 아이의 상실과 그 아이가 우리 가족이 되기 전에 겪어야 했던 일들로부터 아이를 보호해 주지 못했다는 무력감에서 비롯된 슬픔을 부모 스스로 충분히 느껴야 한다. 그래야만 입양 아동의 상실 또한 인정하게 되고, 솔직하고 열린 분위기 속에서 함께 슬퍼할 수 있게 된다. 또한 아이에게 "우리도 네가 엄마 배 속에서 자라지 못한 것이 안타까워."라든가, "예전에 너의 세상이 안전하도록 너를 지켜 주지 못한 것이 슬프단다."라고 말할 수 있게 된다.

부모가 자신의 상실을 충분히 애도한 후 아이의 상실을 직면하게 되면, 아이가 고통스러운 주제를 다루어 나갈 때 부모도 자녀와 감정적인 일치를 경험하게 된다. 또한 아이가 말하지 않는 욕구도 알아차리게 되어 아이와 그 과정을 함께 겪는 동반자가 된다. 이를 통해 부모와 자녀는 친밀해진다. 부모 스스로가 삶에서 경험한 상실을 성공적으로 슬퍼한 적이 있다면 당신은 자녀에게 '안전한 사람'이 된다. 아이는 비난이나 판단받을 두려움 없이 자신이 안전하다고 느끼는 사람에게 어떤 감정이든 자유롭게 표현한다.

아이가 입양에 관한 감정을 표현할 수 있도록 아이를 따뜻하게 수용하며 격려하는 자리를 마련하는 것도 바람직하다. 이러한 수용적이고 너그러운 분위기 속에서 미해결된 입양의 상실이 치유되기 시작하고 애착이 형성되는 것이다. 어렸을 때 입양된 성인들은 입양 지지 모임이나 신뢰할 만한 상담가를 통해 이런 기회를 얻을 수 있다.

나오미 루스 로윈스키Naomi Ruth Lowinsky의 책 ≪엄마와의 끈에 대한 이야기: 엄마와 딸의 유대 회복하기≫에 나오는 한 입양모의 이야기를 들어 보자.

그 엄마는 아이와 함께 상실을 애도함으로써 딸과 더욱 친밀해졌다.

> 나는 내 배 속에 있어 보지도 못하고 내 젖을 먹어 보지 못한, 이 세상에 태어났을 때 그 얼굴조차 보지 못했지만 아름답기 그지없는 내 어린 딸이 아프게 느껴졌습니다. 나는 임신으로 내 딸을 품어 볼 수 없었고 딸아이의 출생과 첫 몇 개월을 함께하지 못했기에 슬픔을 느꼈습니다. 아이를 낳고도 기를 수 없었던 생모가 내 딸아이의 마음속에 남겨 둔 빈 자리가 느껴져 슬펐습니다. 나는 딸아이와 내가 이러한 감정들을 함께 느낄 필요가 있음을 알았습니다.
>
> 그 후 몇 년 동안 나는 이런 상실과 슬픈 감정에 대해 딸과 자주 이야기를 나눴습니다. 딸아이는 자주 그 작고도 야무진 몸을 나에게 맡긴 채 내 품에 안겨서 쉬었습니다. 우리는 이렇게 많은 시간을 보내며 함께 슬퍼했고 상실감을 떨쳐 내고는 새로운 유대 관계를 만들어 냈습니다.

의심할 여지 없이 이 엄마와 딸의 유대는 성공적으로 맺어졌다. 그들의 친밀한 관계는 접목할 때 일어나는 일과 비슷하다. 원예에서 접목이 성공하면 그 접목된 부위는 최소한 나무의 다른 부분과 동등한 강도로 결합되거나 종종 그 이상의 강도로 결합된다.

많은 입양 부모가 아이들의 고통을 인정하지 못하는 한 가지 이유는 우리가 고통을 회피하는 사회에서 살고 있기 때문이다. 우리가 '고통'이라는 단어를 들을 때 투쟁-회피 반응[역주: 갑작스런 자극에 대하여 투쟁할 것인지 회피할 것인지 생각하게 되는 본능적 반응]이 일어난다. 결국 고통이 불공평이나 실패의 의미를 담고 있는 것은 아닌지, 고통이 우리의 보장된 행복을 막는 장애물이 아닌지 의심하는 것이다.

세계적으로 저명한 외과 의사이자 한센병 전문의인 폴 브랜드Paul Brand 박사는 ≪아무도 원하지 않았던 선물≫이라는 그의 저서에서 고통의 기원과 목적에 관한 교육이 필요하다고 밝히고 있다. “현대적 관점으로 보면 고통은 적이자 반드시 물리쳐야 할 불길한 침입자입니다. 만일 어떤 제품이 고통을 30초 더 줄여 준다면 사람들은 그만큼 더 좋다고 인식합니다. 이런 식으로 접근하면 결정적이고도 위험한 결함이 발생합니다. 일단 고통이 적으로 간주되면, 고통이 우리에게 교훈을 줄 수 있는 기회를 아무런 경고도 없이 빼앗기고 맙니다. 고통이 주는 메시지가 무엇인지 생각조차 못하게 하는 이러한 침묵하는 고통은 마치 나쁜 뉴스를 접하기 싫어서 화재경보기를 꺼둔 것과 같습니다.”

≪개방 입양의 정신≫에서 제임스 그리터James Gritter가 말한 바와 같이 고통을 존중하는 태도는 반드시 필요하다. 고통을 파괴자가 아닌, 우리를 아름답게 만들어 주는 사랑스러운 적으로 대하는 것이다. 조개 안의 작은 모래 하나가 아름다운 진주를 만들어 내는 촉매제가 되는 것처럼, 입양의 고통이 부모와 자녀 사이에 친밀함이라는 진주를 만들어 내는 촉매제가 될 수 있다.

존경받는 입양 교육자인 마시 와인먼 액스니스Marcy Wineman Axness는 그녀의 명저 ≪마음에 새겨진 것: 입양의 근본 주제≫에서 어넷 배런Annette Baran과 웬디 매코드Wendy McCord를 인용했다. “자신의 슬픔을 표현하는 자녀를 둔 부모들은 일반적으로 자녀들과 함께 슬픔을 느끼기보다는 자녀들을 안심시켜야 한다고 느낍니다. 그러나 원부모의 상실은 슬픔을 느낄 만한 일이며, 자녀를 위해 부모가 할 수 있는 최선은 상실에 대한 일련의 감정들을 부모와 함께 공유하도록 하는 것입니다. 이런 불편한 감정들을 회피하거나 활기찬 응원으로 덧씌우는 것은 처음에는 특히 더 쉬운 일처럼 보입니다. 그러나 그것은 사랑의 선택이 아니며 궁극적으로 부모와 자녀 사이의 온전한 친밀감을 박탈합니다."

입양 자녀에게 필요한 것

나의 지식과 연구가 주로 비공개 입양으로 인해 상처받았던 성인 입양인들을 기초로 하고 있다는 사실을 유념하라. 우리는 입양인들의 경험을 통해, 대다수의 입양 아동들은 그들의 상처와 상실을 인정받을 필요가 있음을 이해하고 있다. 입양 부모는 입양한 아기에게 "너도 낳아 주신 엄마가 그리울 거야. 우리도 네가 낳아 주신 엄마를 잃어서 슬프단다."라고 속삭일 수 있다. 부모는 감정 이입과 공감을 표현하기 위해 입양인 인생의 다양한 국면에서 "정말 아프구나. 그렇지?"라고 말할 수 있다.

입양인에게 필요한 두 번째는 입양과 그에 따른 정서적, 관계적 영향에 관한 교육이다. 나는 입양인 지지 모임의 리더로서 매주의 모임을 통해 입양인의 이러한 필요가 채워지는 것을 경험했다. 성인 입양인들은 서로를 묶는 공통의 정서적인 끈에 대해 더욱 많이 배우기 때문이다. 자기 노출을 할수록 수치심은 사라진다. 부모는 입양 자녀에게 이런 종류의 자의식을 일찍부터 키워 줄 수 있다.

입양인들은 상처를 자신의 역사의 일부로 받아들이도록 배워야 한다. 입양은 그들이 통제할 수 없었고 바꿀 수 없는 사실이며, 그 사실은 장래에 그들을 불구로 만들지도 않는다. 이는 입양인이 받아들여야 할 도전 중 하나이며, 받아들이기만 한다면 엄청난 성장과 성숙을 가져다 줄 것이다. 입양인이자 애착 치료 전문가이며 입양 교육자인 코니 도슨Conny Dawson 박사는 다음과 같이 말한다.

"누군가 돌이킬 수 없는 상처로 고통을 당했다고 제게 말하는 것을 들으면 제 어깨에서 무거운 짐이 내려진 것처럼 느낍니다. 상담 치료에서 자신의 상처를 깨끗하고 깔끔하게 매듭지을 수가 없다거나 고칠 수 없다고 말했던 사람은 없었습니다. 네, 그렇습니다. 나는 마음의 가장 깊은 부분에 다리를 놓을 수 있었고 그래서 상처에 깊숙이 함몰되지도 않았습니다.

나는 빨갛게 벗겨진 생살을 치료하기 위해서 상처를 지졌습니다. 그러나 만일 그것을 고친다는 것이 상처를 돌보고 사라지게 하는 것을 의미했다면 고칠 수 없었을 것입니다. 그 상처는 사라지지 않겠지만, 그렇다고 그것이 우리 발목을 묶고 있는 족쇄도 아닙니다. 내 존재에 대해 내가 변명해야겠다고 느낄 필요도 없습니다. 단지 내 자신을 내가 돌보면 됩니다. 그리고 나는 앞으로도 계속 그 상처가 나의 삶 속에서 나를 단련시키는 것을 받아들이려고 합니다."

입양인에게 필요한 다른 한 가지는 입양 부모 자신이 짊어지고 있는 부당한 죄책감을 떨쳐내는 것이다. 애초에 부모나 아이 모두가 그 일이 생기지 않도록 막을 수는 없었다. 죄책감을 느끼는 부모는 스스로 방어의 벽을 허물 수가 없기에 아직도 해결되지 못한 상실의 고통 속으로 들어갈 수가 없다.

입양 부모가 자녀의 상처에 관해 들을 때 죄책감을 느끼며 분투하는 것은 자연스러운 일이다. 부모들은 '만일……했더라면'이라는 표현을 사용하며 자녀의 트라우마를 막을 수 있었던 방법을 찾는 경향이 있다.

- 아이의 출생 시에 내가 그곳에 있었더라면…….
- 내가 생모를 미리 알고, 그녀를 돌봐 줄 수 있었더라면…….
- 내가 입양에 관한 문제를 더 많이 알고 그 문제를 다루는 방법을 알았더라면…….

자녀의 고통에 대해 입양 부모들은 고통스런 죄책감을 짊어지는 한이 있더라도 자신들의 절망적인 무력감을 해결하려고 한다. 신시아 모나혼Cynthia Monahon은 ≪어린이와 트라우마≫라는 저서에서 다음과 같이 말한다. "만일 자녀의 트라우마가 부모의 잘못 때문이었음이 입증된다면 앞으로 생길 트라우마를 막을 수 있다고 믿는 것이 가능해집니다. 비록 착각일지라도 죄책감을 느끼는 것은 무력감에 저항하는 힘이 됩니다." 이와 같은 그릇된 생각에서 부당한 죄책감이 시작되며, 그러한 생각을 인식하거나 올바르게 다루지 못하면 그것은 부모와 자녀 간의 애착을 방해한다.

입양인에게 가장 필요한 것은 상대가 나를 어떻게 생각할지에 대한 두려움 없이 갈등의 감정을 표현하는 자유이다. 이것은 치료를 향한 마지막 단계이고 해방과 자유를 가져온다. 심리학자인 아서 자노브Arthur Janov 박사는 저서인 ≪원초적 비명≫에서 다음과 같이 주장했다. "아이들은 그들의 진짜 감정을 부모님에게 표현해야 합니다. 부모님이 무관심하면 아이들은 상처를 받습니다. 부모님이 아이들에게 분노를 꾹 참게 해도 아이들은 상처를 받습니다. 아이들은 더 이상 아이 자신이 될 수 없고 자연스러워질 수도 없습니다. 그러므로 아이들의 본성은 뒤틀리며 그것이 고통의 원인이 됩니다.

만약 당신의 팔을 자연스럽게 움직이지 못하게 묶어 버리면 다치게 됩니다. 아이들의 감정을 자연스럽게 움직이도록 두지 않으면 이와 같은 결과를 얻게 됩니다. 감정을 표현하는 것은 배고픔을 느끼는 것만큼이나 자연스럽고 생리적인 일입니다."

입양인들에게는 입양에 대한 긍정적이거나 부정적인 감정들 모두를 공유하고 그들이 무슨 말을 하든지 상관없이 무조건적으로 사랑받고 보호받는다고 느낄 수 있는 안전한 장소가 필요하다. 부모는 자녀가 자유롭게 입양과 관련된 슬픔과 갈등의 감정들을 표현하도록 안전한 가정 환경을 만드는 법을 배울 수 있다.

아이가 입양 전에 겪었던 상실에 반응하고 귀 기울이는 연습을 해 나간다면 아이의 치유에 방해가 되는 부모 내면의 방어 기제나 죄의식, 과보호의 장벽들이 차츰 사라질 것이다. 다음은 부모가 알아주길 바라는 아이의 두 번째 속마음이다.

4장

"나는 아무런 수치심 없이 입양 상실로 인한 특수 욕구가 나에게 있다는 걸 배워야 해요."

뜨거운 8월의 오후, 곧 시작될 경주를 보려고 관중석에 앉아 있다고 상상해 보라. 아래의 트랙에서는 주자들이 경기를 준비하고 있고, 핫도그를 파는 사람은 통로를 오르락내리락하며 팔고 있다. 공기 중에는 석회 가루 냄새가 가득하다.

선수들은 제 위치에 자리를 잡고 한 발을 앞으로 내딛는다. 심판이 "제자리에, 준비, 출발!" 하고 외치며 공중을 향해 총을 쏜다.

주자들이 무리에서 흩어지자 두어 명이 선두를 차지한다. 나머지는 바짝 뒤를 쫓는다. 관중들의 응원은 점점 격렬해진다. 뒤처진 무리 중 다른 주자들보다 느린 한 선수가 눈에 띈다. 그녀는 절룩거리며 뛰는 것 같다. 그 선수가 가까이 달려오자 무릎 아래에 의족을 하고 있는 것이 보인다. '어쩌다 저렇게 되었을까? 암에 걸렸던 걸까? 자동차 사고를 당했던 걸까?' 그녀가 과거의 언젠가 육체적인 트라우마를 겪었다는 것은 확실하다. 그 사건은 생명을 앗아가지는 않았지만 그 충격은 평생의 트라우마로 남았다.

주자들이 결승선을 통과할 때 의족을 한 선수는 여전히 열심히 뛰고 있다. '대단한 용기야! 대단한 집념이군!' 당신은 혼잣말을 한다. '그런데 저 선수는 완주를 돕는 특별한 의족을 어디서 구했을까? 저 의족을 하고 뛰는 것을 배우기까지 얼마나 많은 시간이 걸렸을까?'

갑자기 뒤에서 노신사가 큰 소리로 외친다. "힘내, 넌 할 수 있어! 속도를 유지해!" 그녀가 완주했을 때 노신사는 기쁨에 겨워 소리친다. "그래! 해낼 줄 알았어!" 그 선수는 관중석에서 노신사를 찾아내고는 입이 귀에 걸리도록 활짝 웃는다.

많은 성인 입양인들을 이 선수에 비유할 수 있다. 초기의 트라우마로 생명을 잃은 것은 아니지만 입양 상실은 감정이나 관계에 매우 실제적인 영향을 미친다.

무지의 문제

달리기 선수의 비유를 잠시 생각해 보자. 그녀가 자신의 삶을 지탱해 줄 특수 욕구를 몰랐다면 어떻게 되었을까? 의족 같은 것들을 몰랐다면? 의족 없이 레이스를 하거나 일상생활을 한다면? 그랬다면 분명히 잠재력을 발휘하며 살아가는 데 어려움이 있었을 것이다. 또한 자신의 특수 욕구를 인정하고 수용하며 극복하는 지점에 다다르지 못했을 것이다. 오히려 간단한 일인 걷기조차도 힘이 들었을 것이다.

이제 이것을 입양인에게 적용시켜 보자. 숨겨진 특수 욕구가 있다는 전제가 사실이라면? 아이에게 의족 없이 살아가라고 할 것인가? 적극적으로 참여하여 극복할 때 느끼는 전율을 배우는 대신 불필요한 분투를 하며 살게 할 것인가?

위의 여러 질문에 대한 당신의 대답은 '아니요'일 것이다. 부모라면 당연히 아이가 최선의 삶을 살길 원한다. 그러나 당신은 특수 욕구의 개념을 명확하게 알지는 못하기에 이것이 아이를 열등하다고 하는 것 같아 두려움을 느낄 것이다.

단언컨대, 그것은 전혀 사실이 아니다. 오히려 입양과 관련된 특수 욕구가 있다는 개념은 아이가 이해받고 있다고 느끼게 하는 열쇠이다. 아이는 이미 마음속 깊이 자신의 특수 욕구를 알고 있다. 아이가 자신의 특수 욕구에 대해 많은 말로 표현하지 않더라도 아이는 자신이 때때로 다른 아이들과 다르게 느껴질 때가 있음을 인정할 것이다.

아이에게는 자신의 특수 욕구를 알아차리도록 도와주고 그것에 적합한 의족을 맞춰 줄 사람이 필요하다. 이는 아이의 특수 욕구를 이해하고 관람석에서 격려해 주던 그 노신사처럼 무조건적으로 사랑해 주는 사람(가족, 친구, 의사, 상담사)에게서 받는 감정적, 관계적 지지를 의미한다. 입양에 대해 부모의 태도가 열려 있을수록 아이는 더욱 폭넓은 지지를 받게 된다.

이러한 지지 시스템 속에서 부모인 당신은 핵심 인물이 되기를 진심으로 원할 것이다. 이를 돕기 위해 이번 장을 준비하였으니 계속 읽어 나가기 바란다.

특수 욕구의 개념

나의 특수 욕구를 발견했던 그때를 결코 잊지 못하겠다. 발견한다는 것은 새를 새장 밖으로 놓아 준다거나 어두운 감옥에서 죄수를 풀어 주는 것과도 같다. 그것은 자기 수용의 문을 열어 주고 치명적인 수치심으로부터 나를 해방시켜 준 열쇠였다.

처음에는 다른 사람들의 심리학적인 지지가 없이 나만 입양인의 특수 욕구에 대한 생각을 하고 있는 듯한 두려움을 느꼈다. 그래서 입양인들도 특수 욕구를 가지고 있다는 나의 신념을 확인하기 위해 입양서적들을 뒤졌다. 매우 실망스럽게도 이 주제에 들어맞는 자료는 없었다.

내가 찾을 수 있었던 유일한 지지 자료는 치료사인 홀리 반 굴덴Holly Van Gulden과 리사 M. 바텔스-랩Lisa M, Bartels-Rabb의 저서인 ≪누가 진짜 부모인가: 입양 아동 양육하기≫에서 찾은 다음과 같은 문장이었다. "입양에서 '특수 욕구 아동'이라는 용어는 매우 특정한 방식으로 사용되고 있습니다. 우리는 모든 입양 아동이 생부모 밑에서 자란 아이들은 갖지 않는 특수 욕구가 있다고 믿습니다."

그로부터 몇 주 후에, 나는 16세에서부터 60세까지의 입양인으로 구성된 지지 모임에서 나의 개인적 신념과 입양인들이 가지고 있다고 확신하는 특수 욕구의 목록에 대해 이야기를 나눴다. 내가 읽어 내려가자 멤버들은 확신에 차 고개를 끄덕이며 눈물을 글썽였다. 그들은 그동안 이해받지 못한다고 느꼈던 감정들을 구체적으로 말했다. 특수 욕구의 핵심을 건드렸던 것이다.

한 20세 여성은 "나는 상담 치료를 줄곧 받아 왔지만, 아무도 나를 어떻게 대해 줘야 하는지 몰랐어요." 한 60세 노신사는 "상담을 받으며 내 인생의 모든 이슈들을 다루었지만, 나는 여전히 비참함을 느꼈다오. 상담사와 내가 입양을 핵심적인 이슈로 보기 시작했던 것은 바로 그때였소."라고 말했다.

특수 욕구에 관한 나의 신념 체계를 발전시킨 다음 단계는 특수 욕구의 정의를 입양과 연관하여 표현하는 것이었다. 역시나 기존의 입양 서적에서는 아무런 정의도 찾을 수 없었다.

연구 중반 즈음에 래리 B. 실버Larry B. Silver 박사의 ≪이해받지 못한 아이≫라는 제목의 책에 관심을 가지게 되었다. 과거에 이해받지 못했다고 느꼈던 입양인으로서, 나와 지지 모임의 동료 입양인들은 결국 동일한 감정을 표현하게 됐다. 실버 박사가 입양을 다룬 장이 있었던 것으로 기억한다.

이 책을 쭉 훑어보다가 저자가 학습 장애아동에게 사용한 정의를 발견했다. "학습 장애를 가진 아이는 다른 사람들과 마찬가지로 강점의 영역과 평균 능력의 영역을 가지고 있습니다. 하지만 대부분의 사람들보다 광범위한 영역에서나 다른 영역에서 학습 부진을 드러냅니다."

'입양 아동은 확실히 다른 사람과 마찬가지로 강점 영역과 평균 능력의 영역을 가지고 있다'는 정의를 나에게 대입해 보았다. 이 정의는 나에게 적용되었다. 또한 '입양 아동은 확실히 다른 사람들보다 더 넓은 영역이나 다른 영역에서 감정적인 취약점을 드러낸다'는 정의 역시 적용되었다. 과연 이 정의는 두 쌍의 부모가 있고 풀어야 할 이중 정체성을 가진 사람들에게도 적용되는 것인가? 과거에 이미 이해할 수 없는 상실을 경험한 입양인보다 미래의 상실을 두려워하며 상처를 받는 사람이 있을까?

이 정의는 나에게 방향을 제시해 주었고, 나는 내 자신의 특수 욕구를 이해하기 시작하였으며, 지난 53년간 이 특수 욕구가 나의 인생에 어떤 영향을 미쳐왔는지를 이해하게 되었다.

모든 입양인들이 특수 욕구를 가지고 있는가?

이것을 논하는 시점에서 당신은 여전히 아이를 보호하려고 할 수 있다. “내 아이는 당신이 논하고 있는 그 어떤 감정도 가지고 있지 않아요. 내가 아이에게 입양 상실에서 오는 특수 욕구가 있다고 말하면 아이가 낙인찍히거나 판단 당하는 느낌을 받지 않을까요? 이것이 오히려 더 잔인하고 절망적인 것 같아요.”

그러나 진실은 정반대이다. 역설적이게도, 특수 욕구의 개념은 입양인이 위로받고 이해받고 있다는 감정을 동반한다. 이것은 마치 상처에 바르는 연고와 같다. 많은 입양인들이 자신에게는 특수 욕구가 없다고 자신과 타인을 설득하려고 애쓴다. 그들은 자신의 연약한 부분을 숨기는 데 고수들이다. 하지만 표면 아래에는 종종 억압된 분노, 당혹감, 정체성 혼란, 상실에 대한 두려움, 수치심, 목표 상실, 감정적 역량의 부족, 낮은 스트레스 저항력 등이 존재한다.

심리 상담사이자 작가인 포스터 클라인Foster Cline 박사는 ≪보석 중의 보석: 입양 뉴스≫에 기고한 글에서 모든 입양인들이 특수 욕구 즉, 특정한 감정적 취약성을 가지고 있다고 언급했다. “현재 나는 대부분의 입양 아동들이 취약성을 가지고 있다고 믿습니다. 그들의 유전자는 ‘연약’할 수 있습니다. 이 모든 것이 신경 세포를 발달시키는 데 영향을 미친다는 것은 입증되었습니다. 스트레스와 임신 중의 약물 남용은 심리적 문제만 일으키는 것이 아니라 뇌의 접합 문제나 신경학적 문제들을 일으킵니다. 해외에서 아이를 입양한 사람들은 종종 초기 방임으로 고생한 아이들을 입양하게 되는데 이러한 방임도 신경 손상을 일으킵니다.”

입양 상실로 야기된 특수 욕구를 인식하고 이에 대한 대화를 나눈다면, 아이나 어른이나 할 것 없이 입양인들의 삶은 현저히 달라질 것이다.

입양 아동의 특수 욕구란 무엇인가? 다음은 나의 경험과 연구, 그리고 입양인으로서 자라는 것이 어떠했는지를 반영한 성인 입양인들의 사례에서 발췌한 목록이다

입양 아동의 특수 욕구

내가 작성한 목록을 읽을 때, 이것은 단지 당신 자신만의 목록을 만들기 위한 기초 자료임을 염두에 두기 바란다. 모든 입양인들이 개별적이고 고유하기 때문이다. 당신의 아이를 연구하고 함께 놀이에 참여하고, 아이가 다른 이들과 상호 작용을 하는 것을 관찰해 보라. 당신 자녀의 특수 욕구 목록을 작성하는 데 도움이 될 것이다.

정서적 욕구:

- 나는 나의 입양 상실을 인식하고 애도하는 데 도움을 받아야 해요.
- 생부모가 나의 양육을 포기한 것이 나에게 결함이 있기 때문이 아니라는 확신이 필요해요.
- 거절에 대한 공포를 다루는 법을 배워야 해요. 또한 부재가 유기는 아니라는 것과 내가 뭔가 잘못해서 단절된 것이 아니라는 것을 배워야 해요.
- 입양에 대한 나의 감정과 환상을 표현할 수 있어야 해요.

교육적 욕구:

- 입양은 관련된 모든 이들에게 전 인생에 걸쳐 도전을 주는 멋진 일인 동시에 고통스러운 일이라는 것을 배워야 해요.
- 먼저 나의 입양 배경을 알고 그 다음에 출생 배경과 생부모에 대해서 알아야 해요.
- 나의 특수 욕구를 만족시키는 건강한 방법을 배워야 해요.
- 다른 사람이 내가 입양인이라는 사실을 언급할 때 받을 수 있는 상처를 감당할 준비를 해야 해요.

인정의 욕구:

- 나의 이중적 유산(생물학적인 것과 입양에 의한 것)에 대한 인정이 필요해요.
- 나는 환영받고 있고, 소중하다는 것을 자주 확인할 필요가 있어요.
- 입양 부모님들이 나의 생물학적인 다름을 기뻐하고 나의 출생 가족이 나를 통해 우리 가족에게 기여한 점을 고마워하고 있다는 것을 자주 상기해야 해요.

부모님에 대한 욕구:

- 부모님이 자신의 정서적 요구를 충족시키는 데 능숙해야 해요. 그래야 내가 부모님의 눈치를 보지 않고, 부모님이 보여 주는 건강한 본보기를 따라 내 자신의 발달과 성장에 편하게 집중할 수 있어요.
- 부모님이 먼저 입양에 대한 선입견을 버리고, 입양 가족이 직면

한 입양의 현실과 특수 욕구에 대해 기꺼이 배우셔야 해요.

- 부모님이 불임과 입양에 대해 느끼는 감정들을 터놓고 이야기하는 것을 들어야 해요. 이렇게 함으로써 우리 사이에 친밀한 유대감이 형성될 수 있어요.
- 나의 입양 부모와 출생 부모가 서로 경쟁적이지 않아야 해요. 그렇지 않으면 나는 두 부모님들 사이에서 갈등하며 충성심의 문제로 괴로울 거예요.

관계적 욕구:

- 나는 다른 입양인 친구들이 필요해요.
- 출생 가족 찾기를 고려해야 할 때와 포기해야 할 때가 있다는 것을 배워야 해요.
- 내가 출생 가족에게 다시 거절당한다면, 나의 부족함 때문이 아니라 그들의 능력이 부족하기 때문이라는 것을 기억해야 해요.

영적인 욕구:

- 나의 인생 이야기는 내가 태어나기 전부터 시작되었으며, 나의 인생이 실수가 아니라는 것을 배워야 해요.
- 이 깨어지고 상처를 주는 세상에서 사랑하는 가족은 출산을 통해서만이 아니라 입양을 통해서도 형성될 수 있다는 것을 배워야 해요.
- 내가 인간으로서 본질적이며 변하지 않는 가치를 지니고 있음을 배워야 해요.

- 입양과 관련된 어떤 의문들은 평생 동안 답을 찾지 못할 수도 있다는 사실을 받아들여야 해요.

부모가 마주하는 가장 큰 도전은 자녀의 특수 욕구를 확인하고 아이가 그것을 말로 표현하도록 돕는 일이다. 그럼으로써 아이는 자신이 제어할 수 없다고 느꼈던 무언가에 대해 통제하고 조절할 수 있는 능력을 갖게 된다. 당신과 아이가 나누는 솔직하고 생산적인 대화는 아이의 치유에 지대한 영향을 미친다.

일단 부모가 자녀의 특수 욕구를 깊이 이해하게 되면, 지금뿐 아니라 평생에 걸쳐 아이를 지지할 수 있게 된다. 아이의 특수 욕구는 아이가 성장해가면서 내면의 힘과 공감 능력을 얻게 되는 원천이 된다.

부모가 할 수 있는 것

- 당신이 사는 지역에서 입양 부모 지지 모임을 찾거나 만들어라.
- 수전 피셔Susan Fisher 박사와 메리 왓킨스Mary Watkins 박사가 쓴 ≪어린 자녀와 입양 말하기≫라는 책을 읽어라.
- 입양에 관련된 책을 아이에게 읽어 주라. 다음은 어린아이를 위한 책들이다.

≪마리오의 큰 물음표… 나는 어디에 속하죠?≫ 캐롤린 니스트롬 Carolyn Nystrom (Lyon Publishing)

≪멀버리새, 입양이야기≫ 앤 브로진스키[Anne Brodzinsky] 박사 (Perspectives Press)
≪고아가 된 아기곰 두마리≫ 바바라 브레너[Barbara Brenner], 메이 게어릭[May Garelick] (Walker Publishing Company)
≪브라이언은 입양되었어요≫ 도리스 샌포드[Doris Sanford] (Multnomah Publishing)

- 도서관에서 미술 치료에 대한 책들을 찾아보고 어린 자녀와 미술 치료를 하라. 다음의 책들을 추천한다.

≪놀이의 치유력≫ 글리안 길[Glian Gil] (Guilford Press)
≪어린이 세계의 본질≫ 존 앨랜[John Allan] (Spring Publications)
≪그림의 비밀 세계≫ 그레그 M. 퍼스[Greg M. Furth] (Sigo Press)

- 포스터 클라인[Foster Cline] 박사는 큰 전지 위에 아이의 몸을 따라 그리고, 그 그림에 커다란 구멍을 그리게 하라고 제안한다. 그 구멍은 아이가 가끔씩 느낄 내면의 공허함을 상징하는 것이다. 이것은 당신과 아이 사이에 의미 있는 대화의 물꼬를 터 줄 것이다.

십 대 자녀와 함께:

- "성공 이야기… 부모와 자녀가 함께 나누는 시련, 역경, 그리고 성공" Resourceful Recording(203) 235-2230에서 주문할 수 있다.
- 〈조니[Joni]〉라는 제목의 비디오를 보아라. 사지 마비를 극복하고

저술가, 예술가, 가수, 연설가, 장애인의 대변자가 된 젊은 여성의 이야기이다.

자녀의 인생 마라톤에 있어서 부모인 당신의 격려가 얼마나 중요한 역할을 하는지 잊지 말아야 한다. 당신은 아이의 의족이며 특별한 버팀목이다. 당신은 아이의 독특한 연약함과 강점들을 진정으로 이해할 수 있는 몇 안 되는 사람 중 하나이다. 당신이 관중석에서 "계속 전진해! 넌 할 수 있어!"라고 외치는 장면을 그려 보라.

자녀가 부모의 특별한 지지와 사랑을 온전히 누리려면, 반드시 입양의 상실을 적절하게 애도해야 한다. 다음 장은 애도에 관한 것이다.

5장

"상실을 애도하지 않으면 부모님이나 타인의 사랑을 받아들이기가 힘들어져요."

부모가 알아주길 바라는 아이의 속마음 세 번째는 아이가 입양 상실을 애도하지 않으면 부모나 의미 있는 타인과의 관계에서 사랑을 받아들이거나 애착을 형성하는 데 매우 어려움을 겪게 된다는 것이다.

코넬 대학의 정신의학 교수인 대니얼 N. 스턴Daniel N. Stern은 그의 저서 ≪유아의 대인 관계≫에서 입양 아동이든 아니든 모든 아이들이 건강한 성인으로 성장하기 위하여 완수해야 할 발달 과제들이 있다고 언급했다. 스턴 박사에 따르면, 첫 번째 단계(0-3개월)에서 아기는 편안하고 생기 있으며 세상에 관심을 가지기 시작하는데, 이는 곧 항상성으로 발달한다. 두 번째 단계(4-7개월)에서는 애착을 형성하기 시작한다. 이 단계에서 아이는 양육자에게 관심을 가지며, 미소와 스킨십에 즉각적으로 반응하는 등 즐거움과 흥미를 가지고 반응한다. 세 번째 단계(8-18개월)에서 아기는 상호 작용에서부터 분리까지 광범위한 사회적 행동들을 한다.

아기가 어느 단계의 발달 과제를 제대로 성취하지 못하면, 그 다음 단계의 과제를 완성하려고 할 때 적응에 문제가 생긴다. 예를 들면, 1단계에서 이완하는 법을 배우지 못한 아기는 다음 단계인 애착 발달에 어려움을 겪을 수 있다.

나의 생애 초기를 돌아보면 입양 첫날 이미 분명한 애도의 징후를 보였던 걸로 보아, 나는 첫 번째 단계(이완과 반응)에서부터 발달이 제대로 진행되지 않았던 것 같다. 내가 어렸을 때 부모님이 "너를 만났을 때, 네가 통 먹으려 하지 않아서 의사 선생님이 네 뱃고래를 늘리는 약을 주었단다."라고 말씀하셨던 기억이 있다. 내가 음식을 거부했던 것은 출생 시 엄마를 잃은 것에 대한 애도 반응이었다. 나는 생모와 다시 가까워지게 될 것이라는 희망을 포기했었다.

흥미롭게도 인간뿐만 아니라 동물들도 이와 유사한 애도 행동을 보인다. 콘래드 로렌즈Konrad Lorenz는 윌리엄 J. 워든William J. Worden의 ≪애도 상담과 애도 치유≫에서 회색 기러기가 짝과 분리되었을 때의 상황을 다음과 같이 묘사한다.

> 동반자가 실종되었을 때 기러기는 불안해하며 계속 제 짝을 찾으려는 반응을 보입니다. 기러기는 3음절의 날카로운 원거리 호출 신호를 보내며 실로 엄청난 거리를 밤낮으로 쉴 새 없이 이동합니다. … 점점 더 멀리까지 탐색하다가 그 역시 길을 잃거나 사고를 당하는 일이 빈번합니다. … 기러기가 짝을 잃었을 때 보이는 행동의 특징을 객관적으로 관찰해 보면 인간의 애도와 비슷합니다.

애착 전문가인 코니 도슨Conny Dawson 박사는 미국 입양 협회에 전하는 메시지에서, 한국의 전쟁 후 동남아시아에 단기 선교사로 있었던 여성에 대해 소개하며 신생아의 애도 반응을 설명했다. 이 기간에 그 선교사와 남편은 친정 근처에서 첫아이를 출산하기 위해 뉴질랜드로 돌아갔다. 당시 뉴질랜드의 병원은 매우 붐볐기 때문에 분만 날짜를 지정해 두어야 입원실 예약을 할 수 있었다.

그녀는 예정일을 2주나 넘겨서야 산통을 시작했는데, 분만을 하기 위해서 그녀가 갈 수 있는 곳은 주로 미혼모들이 이용하는 작은 병원뿐이었다. 그곳에 있는 아기들의 반 정도는 입양될 예정이었다. 그 선교사는 코니에게 "내 방은 신생아실 복도 끝에 있었는데, 나는 아기들의 그 울음소리를 절대로 잊지 못할 거예요."라고 말했다.

코니가 그 울음소리를 묘사해 달라고 하자, 그녀는 "떠나기로 되어 있는 작은 아기들의 울음소리로 제 마음은 찢어졌어요."라고 말했다.

그리고 입양 갈 아기들의 울음소리와 엄마와 함께 집으로 가는 아기들의 울음소리가 어떻게 다른지를 묻자, 그녀는 "내 머릿속엔 슬픔으로 시작되는 단어들만 떠올랐어요. 아기들은 마치 이미 포기한 것처럼 '애처롭게 애원'했어요."라고 말했다. 이것이 상실 후 애도의 실제 모습이며, 양육이 포기된 후 입양을 애도하는 실제 모습이기도 하다.

입양모이자 입양 전문가인 메리 왓킨스Mary Watkins와 수전 피셔Susan Fisher는 ≪어린 자녀와 입양 말하기≫에서 어린 아기들의 애도 표현을 다음과 같이 묘사했다. "한 아이가 어린이집에서 낮잠 시간에 며칠을 연달아 친구들과 재미있게 자기의 입양 이야기를 합니다. '내가 아기였을 때 비행기를 타고 엘살바도르에서 한참을 날아와서 나를 마중 나온 엄마랑 제니랑 미미를 공항에서 만났어.' 친구들이 '너 비행기에서 뭐 먹었어?' 하고 묻자, 아이는 '닭고기랑 쌀밥. 근데 나는 비행기 통로에 내 젖병을 던져 버렸어.'라고 대답합니다."

더 큰 아이들은 애도를 다른 방법으로 나타내기도 한다. 입양인이자 입양 교육자인 마시 액스니스Marcy Axness는 ≪마음에 새겨진 것≫이란 책에서 다음과 같이 말했다. "어린 시절부터 성인이 되기 바로 전까지 나는 끊임없이 물건들을 잃어버리고, 심지어 당장 쓸 것 같지 않단 이유로 아주 유용한 물건들을 갖다 버렸습니다. 십 대 초반에는 물건을 훔치기도 했습니다. 내가 이런 행동들을 통해 잃어버리고, 잊혀지고, 버려지고, 도난당했다고 느끼는 감정의 행동 기억(behavioral memories)을 문제 행동으로 표출한 것임을 이제는 알고 있습니다."

입양의 상실을 인식하지 못하는 입양인들은 성취를 통해 고통을 억누른다. 전 NFL 풋볼 선수 팀 그린Tim Green이 바로 그런 예이다. 그린은 그의 훌륭한 자서전 ≪한 남자와 그의 어머니: 입양된 아들이 찾는 것≫에서 아동기에서 성인기까지 그를 괴롭혔던 악몽에 대해 고백한다. "그때 나는 나의 출생과 관련된 불확실한 배경과 고통스런 거절이 반복되지 않도록 도피하려는 강력한 욕구 때문에 그 악몽이 되풀이됐다는 것을 알지 못했습니다. 나는 그냥 그것들이 마술처럼 사라져 버리기만을 바랄 뿐이었습니다." 그가 해결되지 않은 상실의 고통을 직면하고 나서야 비로소 악몽은 진정되었다.

당신을 놀라게 하려고 이러한 일화들을 소개하는 것은 아니다. 오히려 당신이 아이를 맞이한 첫날부터 아이의 필요를 알아차리도록 돕기 위해서이다. 이어지는 장에서 상실과 그것을 다루는 실제적인 방법들을 계속 강조하고자 한다. 이는 당신이 지혜와 연민을 가지고, 상실을 이해하고 다루는 데 균형을 잃지 않도록 도와줄 것이다.

입양인의 애도에 관한 이런 지식들을 대할 때, 당신은 아마도 이렇게 물을 것이다. "입양 부모인 우리가 무엇을 할 수 있죠?", "어떻게 하면 우리 아기가 특정 발달 단계에서 상실을 애도하고 우리의 사랑을 받아들이도록 도울 수 있을까요?", "어떻게 해야 우리 돌쟁이 아기와 학령기 아이, 청소년들을 적절하게 도울 수 있을까요?"

다음 장에서 이에 대해 더 이야기를 나누겠지만, 우선 애도가 무엇인지를 명확히 짚고 넘어가도록 하자.

- 비애
- 애통
- 아픔
- 슬픔
- 괴로움
- 절망
- 그리움

'내 아이가 벌써 이런 것들을 경험했다니 견딜 수 없어. 부모로서 완전히 무기력감을 느끼게 하는군.' 당신은 이렇게 생각할 수도 있다. 하지만 당신은 결코 혼자가 아니다. 나와 이야기를 나눴던 대부분의 입양 부모들은 입양과 관련된 고통에 대해 배울 때 동일한 감정을 드러냈다.

어쩌면 당신은 '이 애도란 것이 정말 필요한 것일까?' 하는 의문이 들 것이다. 그러나 애도는 반드시 거쳐야 한다. 사람은 고통을 거쳐야 자유를 얻을 수 있기 때문이다. 고통에서 벗어나는 유일한 길은 직접 통과하는 것뿐이다. 일단 입양 상실을 인식하게 되면, 슬픔으로 닫혔던 문은 새로운 세계를 향해 활짝 열린다. 당신의 아이가 자신의 상실을 재구성하고 입양이 인생에서 가장 소중한 가르침을 주었음을 깨닫는 과정을 지켜보는 것은 참으로 멋진 일이다. 우울과 슬픔 대신 기쁨이 자리할 것이다. 방황하며 목표 없던 삶이 목적이 있는 삶이 될 것이다. 자신이 이류라는 느낌 대신, 자신은 사랑받고 있으며 있는 그대로 받아들여지고 있음을 알게 될 것이다.

애도를 통한 치유

애도는 상실에 따른 자연스러운 반응이기에 반드시 필요하다. 이것은 마음이 스스로를 치유하는 방법이며, 아프면 몸에 열이 나는 것과 비슷하다.

정신과 의사 조지 앵겔스George Engels는 정신 의학과 관련된 글에서, 사랑하는 사람을 잃는다는 것은 심각하게 다치거나 화상을 입은 것과 같은 정도로 치명적인 심리적 트라우마를 남긴다고 말했다. 그는 애도는 건강하지 못한 상태를 나타내며, 신체가 균형을 되찾으려면 얼마간의 시간이 필요하듯이 애도자가 평정심을 되찾으려면 심리적인 영역에서도 일정 기간이 필요하다고 주장했다.

입양은 평생에 걸친 여정이다. 일생 동안 이어지는 다른 상실이 근원적인 상실에 대한 감각 기억을 자극하기 때문이다. 따라서 입양인들은 삶의 다양한 시기에 맞게 자신의 감정을 안정시키는 방법들을 배울 필요가 있다. 슬픔의 시기에는 눈물을 흘려야 한다. 유기/거절/배신의 시기에는 분노와 비탄을 말로 표현하도록 해야 한다. 감정을 억눌러서는 안 된다.

당신의 자녀가 입양 첫날부터 근원적인 상실을 애도하도록 도울 수 있다면, 아이가 앞으로 상실을 슬퍼할 수 있는 능력은 크게 향상될 것이다. 이것은 아이에게 굉장한 선물이다. 먼저 애도의 과정을 적절하게 이해하고 있는지 살펴본 후에, 상실들을 애도할 수 있는 실제적인 방법을 알아보도록 하자.

애 도 의 과 정

이 책의 집필 자료를 수집하면서 나는 입양 상실의 애도를 다루는 정보를 찾지 못했다. 영아 돌연사 증후군(SIDS), 유산, 낙태, 사산, 자살 등 특정 종류의 애도를 다룬 책들은 있었지만 입양을 특별히 다룬 책은 없었다. 입양은 특별한 종류의 상실이며, 입양 상실을 슬퍼하는 것은 자연스럽고 필수적인 반응이다.

심리학자마다 애도에 대한 설명, 학설, 용어는 다르지만, 애도는 하나의 과정이다. 저명한 작가 엘리자베스 퀴블러-로스[Elizabeth Kübler-Ross]는 애도 과정을 부정-분노-협상-수용의 단계로 설명했다. 성격 발달 분야에서 선도적인 연구자이자 교육자인 존 보울비[John Bowlby] 같은 이들은 애도를 발달의 양상으로 설명한다. 애도에 관한 이 두 가지 접근은 대부분의 상실 유형에 적합하다. 그러나 나는 입양 상실을 더욱 적절하게 설명하는 다른 접근 방법이 있다고 본다.

하버드 의과 대학 교수인 윌리엄 J. 워든[William J. Worden]은 애도 과정과 관련된 **과업**의 개념을 가르친다. 그의 관점으로 보자면, 애도는 외부의 개입에 영향을 받으며 애도자는 무언가를 능동적으로 행할 수 있음을 시사한다. 반면 애도의 전통적 이론에서는 애도자를 수동적으로 본다.

상담사 홀리 반 굴덴Holly Van Gulden과 리사 M. 바텔스Lisa M, Bartels는 ≪누가 진짜 부모인가≫에서 수동적인 어린아이들은 해결되지 않은 슬픔을 다룰 때 '거리 두기'라는 반응을 보인다고 말한다. "거리 두기 행동은 새 옷을 망가뜨리거나 늘 더럽게 하고 다니는 등 옷이나 위생에 있어서 무심한 모습으로 나타납니다. 이런 아이는 무의식적으로 통학 버스 운전사나 선생님들이 입양가족은 가난하거나 자기를 방치한다고 여기길 바랍니다."

한 남성 입양인은 "나는 다른 사람들에게 무언가를 부탁할 권리가 없다고 믿었어요. 일상의 사소한 부분에서 조금이라도 나의 것을 주장하는 것을 많이 불안해했죠. 내 아내가 주장하는 모습을 보일 때마다 굉장히 당황스러웠습니다."라고 자신의 수동성을 묘사했다.

한 중년 입양 여성은 "내 안에 존재하는 고아는 혼자 있을 때나 유대 관계가 없을 때 편안함을 느낍니다."라고 말했다.

물론 입양인 모두가 애착 문제를 가지고 있는 것은 아니다. 애착과 유대 전문가 그레고리 C. 켁Gregory C. Keck 박사가 ≪보석 중의 보석: 입양 뉴스≫에 기고한 글은 다음과 같다. "애착 장애와 입양이 꼭 연결되어 있는 것은 아닙니다. 대부분의 입양인들은 애착 장애가 없습니다. 그러나, 애착 장애를 가진 사람들의 많은 수가 입양인입니다. 사람들은 종종 입양을 상태나 처지가 아닌, 어떤 병명처럼 이야기하는데 이는 우려할 만한 일입니다. 어쩌면 우리 모두가 삶에서 애착과 분리 문제가 있다고 할 수 있겠습니다."

워든 박사의 과업 중심적 접근은 입양 상실의 애도에 안성맞춤인 것 같다. 이는 부모들이 아이가 어릴 때부터 대화를 통해 애도의 단계를 거치도록 격려하기 때문이다. 또한 부모가 아기나 어린이의 현실에 가까이 갈 수 있도록 해 주고, 쉽게 포기하려는 경향을 보이는 입양인의 수동적 성향을 최소화해 준다.

워든의 접근이 입양인의 애도에 있어 적절한 모델이 되므로, 그 방법에 대해 자세히 살펴보기로 하자.

애도의 네 가지 과업

워든이 묘사한 첫 번째 과업은 상실이라는 현실을 받아들임으로써 어떤 사람과의 재결합이 불가능하다고 인정하는 것을 포함한다. 입양 현장에 이 과제를 적용하려면, 먼저 '재결합'이라는 용어를 정의해야 한다. 실제로 입양에서 '재결합'이라는 용어는 세 가지 범주에서 사용될 수 있다.

첫 번째는 입양인이 태아기로 돌아갈 때 적용된다. 두 번째 재결합은 입양인이 아직 입양되지 않은 상태, 즉 생물학적 부모만 존재할 때에 일어날 수 있다. 이 두 가지 재결합은 실현이 불가능하다. 입양인은 자궁 안에 있었을 때처럼 생모와 가까운 관계를 맺기 어렵고, 생부모가 유일한 부모가 아니라는 것도 알고 있다.

그러나 흥미롭게도, 입양인에게는 또 다른 범주의 '재결합'이 있다. 표면적으로는 관계가 끊어진 것처럼 보이지만 이면에는 입양된 이후, 미래의 언젠가에 재결합할 수 있으리라는 희미한 희망이 존재한다. 따라서 입양인의 과제는 미래의 재결합을 고대하면서, 태아기와 입양 전으로의 결합이 불가능하다는 현실을 수용하는 것이다. 이것은 몹시 혼란스러운 과제임이 분명하다.

그러나 이는 혼란스럽지만 불가능한 일은 아니다. 많은 입양인들이 과거를 있는 그대로 받아들이고 도전하여 미래를 끌어안는 법을 배웠다.

어린 입양인이 앞의 두 상실의 현실을 받아들일 수 있는 가장 좋은 방법은 부모의 인정이다. 심리 상담사이며 태아기 심리학과 건강 협회(APPAH) 로스앤젤레스 지부의 전(前) 회장이었던 웬디 매코드Wendy McCord 박사는 마시 액스니스Marcy Axness와의 인터뷰에서, "모든 입양된 아기들은 가장 심각한 단계의 트라우마인 쇼크 상태에 있다고 볼 수 있습니다. 그들은 많이 안아 주어야 하고, 진정으로 공감해 주어야 하며, 그들의 상실을 해석할 수 있도록 충분히 설명해 주어야 합니다. 부모님이 이를 부인하면, 이미 충분히 고통받은 아기에게 또 다른 트라우마를 더하게 됩니다."라고 말했다.

매코드 박사는 상실과 애도에 관한 이러한 사실들이 언어로 표현되어야 한다고 덧붙였다. "나는 네가 기대했던 엄마는 아니야. 그 엄마와 냄새나 목소리도 다르단다. 그래, 나는 다른 엄마야. 하지만 널 사랑해. 절대로 너를 떠나지 않을 거야."

아이는 자라면서 생부모와의 재결합을 상상하게 된다. 입양 부모가 할 수 있는 최선은 따뜻하고 열린 마음으로 생부모의 존재를 인정하고, 언젠가 있을 재결합의 가능성을 인정함으로써 입양인이 첫 과제를 수행할 수 있도록 적절한 통로를 마련해 주는 것이다. 물론 개방 입양의 경우에는 이미 출생 가족과의 접촉이 진행되고 있으므로 이에 해당되지 않는다.

두 번째 과제는 애도의 고통을 통과하는 것이다. 이 과정을 제대로 거치지 않는다면 문제 행동, 방화, 동물 학대, 식이 장애, 공격성, 우울증, 자살, 범죄 행위 등의 다른 증상들을 보일 수 있다. 획기적인 책 ≪원초적 상처≫

의 저자 낸시 베리어Nancy Verrier는 "캘리포니아의 산타아나 양육 자료원의 1985년 통계에 따르면, 입양인의 인구 비율은 2-3%이지만, 입원 치료 센터, 재활원, 소년원, 특수 학교 등에 있는 입양인들의 비율은 30-40%에 달합니다."라고 전했다.

입양 전 상실에 대해 잠시 생각해 보자. 입양인의 인생은 심리적으로 입양 전과 입양 후, 두 부분으로 나뉜다. 당사자가 의식을 하든 못하든, 이 둘 사이에는 무력감이나 거절감 혹은 통제력 상실과 같은 깊은 간극이 존재한다. 입양 부모인 당신과의 애착은 바로 이 지점에서 시작된다는 것을 기억하라. 당신이 아이와 함께 이 지점으로 나아갈 때, 상실과 애도의 **한가운데에서** 애착이 형성된다. 아이와 함께 그 간극을 메꾸어 가려면, 부모가 자신의 감정을 다루어야 하며 더불어 용기를 가져야 한다. 우리도 아직 가 보지 못한 곳으로 다른 이를 데리고 갈 수는 없다. 그들의 고통이 우리를 겁에 질리도록 할 수 있기 때문이다.

애도의 세 번째 과제는 새로운 환경에 적응하는 것인데, 입양인에게 있어 새로운 환경은 어렵기 마련이다. 입양 가정에 적응해야 했던 입양인의 첫 출발을 염두에 두기 바란다. 아이는 익숙했던 모든 것을 잃었다. 그때 아이는 자신의 주변 사람들이 느끼는 것과는 정반대의 감정을 느꼈다.

연장아들도 마찬가지로 환경적 변화로 상처받기 쉽다. 영아들이 겪는 문제와 마찬가지로, 익숙한 환경을 떠나게 되면서 생긴 트라우마는 사실상 정서적인 문제들을 증가시킨다.

일곱 살 어맨다는 생모의 정신적 문제로 인해 집에서 격리되었다. "나는 두려움을 느꼈어요. 절대적인 공포와 미지의 것에 대한 두려움이요. 아무도 믿을 수가 없어서 두려웠어요." 차를 타고 새로운 집으로 가면서, 어맨다는 자신의 과거와 이어 주며 안정감을 갖게 해 주는 익숙한 것들에 매달렸다. 새로운 집에서 어맨다는 장난감이나 옷에 매우 집착하는 것으로 문제 행동을 보였다. "아무도 내 가족을 대신할 수는 없어."라고 생각했던 그때를, 어맨다는 선명하게 기억하고 있다.

왓킨스와 피셔는 ≪어린 자녀와 입양 말하기≫에서 유사한 문제를 가진 3세 아이의 예를 들었다. "인도계 어린이가 인도계 입양인들과 그들의 입양 부모가 주최하는 파티가 열리는 교회에 들어가기를 주저했습니다. 아빠와 밖에서 45분을 서성이던 아이는 아빠에게 사리를 입은 백인 여성이 자신의 엄마냐고 물었습니다. 아빠가 그렇지 않다고 아이를 안심시키고 나니, 그제서야 아이는 자기의 엄마와 자신을 낳아 준 인도 엄마와, 파티에 참석할 인도인 대모와 자신의 할머니 사이에서 혼란을 느낀다고 고백했습니다."

지지 모임에 참여하는 성인 입양인들은 종종 새로운 모임에 들어가거나 새로운 시도를 하는 것에 어려움을 느낀다고 말하곤 한다. 실직 중인 한 남성 입양인은 "면접을 보러 갈 때마다, 마치 다시 입양 가기 위해 저를 선보이는 것 같은 느낌이 듭니다."라고 고백했다.

네 번째 과제는 애도자가 잃어버린 대상을 재배치하고, 삶을 계속 살아나가야 하는 것이다. 잃어버린 대상의 재배치는 입양 용어로 말하자면, 생부모에 대해 생각은 하되 그들에게 감정적 에너지를 쏟지 않고 대신 다른 관계들을 가꾸어 가는 것을 의미한다. 즉, 입양인이 출생 가족에게 더 이상 집착하지 않는 것이다. 물론 그들에 대한 생각이 커졌다 작아졌다를 반복할 수는 있다.

문자 그대로, 잃어버린 대상의 재배치는 개방 입양이나 입양 이후 언젠가에 재결합하는 경우 말고는 불가능하다. 비공개 입양이나 반공개 입양인 경우에, 입양 부모는 입양 자녀에게 생모나 출생 가족의 정보를 발달 단계에 맞추어 적절히 알려 주어야 한다. 많은 해외 입양인의 경우처럼 자신과 관련된 아무런 정보가 없다면, 이 역시 다른 상실과 마찬가지로 충분히 애도해야 한다.

한 엄마가 말했다. "딸 아이가 열세 살 생일을 맞이했을 때, 아이는 마치 폭탄을 맞은 것처럼 입양과 관련된 모든 것에 큰 충격을 받았답니다. 아이는 울면서 '생모의 이름이라도 알고 싶어요.'라고 했답니다." 생모의 이름을 모르는 그 엄마는 지혜롭게 "그분 이름을 뭐라고 부르면 좋겠어?"라고 되물었다. 아이가 이름을 정했을 때 그녀는 "그래, 그 이름이 좋겠구나."라고 대답했다. 이는 그 입양인이 잃어버린 엄마를 의식 속에 재배치하도록 도와주는 동시에 큰 위로가 되었다. 이전에 이 아이는 생모를 생각하면 안 된다고 느꼈던 것이다.

자녀에게 생모에 대한 생각을 물어보거나, 생모가 다녔던 학교에 찾아가서 졸업 앨범을 찾아보거나, 입양인이 태어난 병원을 방문해 보는 등의 일은 입양인이 생모를 감정적으로 재배치하는 데 도움이 된다. 이러한 사소한 연결점들은 아이의 마음 속에 생모를 재배치하는데 도움이 된다.

이제까지 입양인이 애착을 형성하기 위해서 거쳐야 하는 네 가지 애도의 과제를 다루었다. 이제 입양인들이 종종 애도에 실패하는 이유를 살펴보도록 하자.

애 도 의 중 단

애착 전문가들은 생애의 처음 두 해 동안 지속적으로 반복되는 순환 주기가 있다고 말한다. 우선 욕구가 존재한다. 아기는 그 욕구가 충족되기를 기대한다. 충족되지 못한 욕구는 후에 분노나 화로 표현되는데, 욕구가 만족될 경우에는 신뢰가 쌓인다. 아기는 음식, 신체적 접촉, 눈맞춤, 움직임 등 타인이 주는 자극을 통해 만족감을 얻는다.

이 순환 주기에 입양과 같은 것이 끼어들면, 어떤 아이들은 자신의 욕구를 충족시키기 위해 다른 사람을 신뢰하는 것을 배우지 못한다. 오히려 자기 자신만을 믿게 된다. 반면에 어떤 아이들은 잘 회복되어 편안하고 문제없이 애착을 형성하기도 한다. 여기서 생모의 임신 기간 중의 자기 관리는 매우 결정적 요인이 된다.

마시 액스니스[Marcy Axness]는 탁월한 저서 ≪마음에 새겨진 것: 입양의 근본 주제≫에서 다음과 같이 말한다. "태아에게 엄마의 감정 상태는 곧 우주의 상태입니다. 스트레스 상황에 처한 엄마의 만성 불안은 태내에서 성장하고 있는 유기체에게 위험한 환경에서 태어나게 될 거라는 메시지를 전달하게 되고 신경계도 그에 맞춰 발달합니다."

아이가 애도에 실패했고, 애착을 형성을 할 수 없다는 것을 부모는 어떻게 알 수 있을까? 그레고리 켁[Gregory Keck] 박사는 다음과 같이 말한다. "애정 결핍의 징후들은 일찍부터 명확하게 드러납니다. 영아기 아기의 경우 섭식에 문제가 있고, 아기의 등이 활처럼 휜 상태로 경직되어 있으며, 만지는 것을 싫어하고 눈맞춤을 잘 하지 못합니다. 가장 어려운 경우의 아이들은 출생 당시 병원에서 데리고 나올 때, 생모와 접촉을 못했던 아이들입니다. 그들은 병원에서 집에 가는 길 내내 웁니다. 나는 아기들의 그 울음이 분노로 변하고 분노는 다시 문제 행동으로 옮겨 가서, 그 아이들이 15세가 되면 부모들이 '병원에서부터 이러기 시작했는데 도무지 끝나질 않네요.'라고 하소연하며 우리에게 아이를 데려올 것이라고 확신합니다."

에버그린 주식회사의 애착 증진 센터에서는 애착 장애의 특정 징후들을 다음과 같이 요약했다.

출생에서 만1세:

- 생후 6개월간 주 양육자의 얼굴을 알아보고 반응하는 데 실패함
- 목소리를 잘 내지 않음 - 옹알이, 울음
- 신체 접촉을 거부하거나 스트레스 반응을 보임 - 뻣뻣하고 유연성이 없음
- 지나치게 까다롭고 과민함
- 소극적이거나 위축됨
- 근육이 긴장 상태가 없이 늘어져 있음

만 1세에서 5세:

- 지나치게 들러붙거나 징징거림
- 고집스럽고, 자주 발끈하며 가끔은 아이 자신도 통제하지 못할 정도의 분노로 뒤집어짐
- 통증의 한계치가 높음 - 불편한 온도를 의식하지 못하는 듯 보임. 혹은 상처나 딱지를 고통을 느끼지 못한 채 피가 날 때까지 뜯어냄

- 타인의 개입 없이는 긍정적인 방법으로 자아를 안정시키지 못함
- 타인이 붙잡는 것을 거부함
- 자기 마음대로 남을 조종하는 방식으로 애정을 요구함
- 자기가 원할 때가 아니면 주 양육자와 분리되는 것을 못 견딤
- 종종 낯선 이에게 무분별한 애정을 표현함.
- 언어 발달의 문제가 있음
- 운동 협응의 문제 - 사고당하기 쉬움
- 뚜렷이 드러나는 과잉 행동
- 섭식 문제
- 만 5세경, 남을 조종하고, 거짓말하고, 파괴적이며 동물을 괴롭히고, 자주 정직하지 못한 행동을 할 수 있음

만 5세에서 14세:

- 피상적인 관계를 맺고 '매력적임', '귀여움'을 이용하여 자신이 원하는 것을 얻어 냄
- 부모 입장에서는 눈맞춤이 부족함 - 상대방과 이야기하는 동안 눈맞춤이 어려움
- 낯선 이에게 무분별하게 애정을 표현 - 낯선 이에게 안겨서 집에 가자고 하는 등 과도하게 애정을 보임
- 부모에게는 애정 표현을 하지 않음(사랑스럽게 굴지 않음) - 아이가 사랑을 받는 방식과 시기에 대해 주도권이 없을 때에는 애정 표현을 거부하고 부모를 밀어냄
- 자신이나 타인, 물질을 파괴적으로 다룸, 사고를 당하기 쉬움 -

다른 사람을 아프게 하거나 물건을 고의로 망가뜨림

- 동물들에게 잔인하게 굶 - 끊임없이 괴롭히고 때리고, 고문하며, 죽이는 의식을 치르기도 함
- 도벽 - 집이나 부모, 형제의 것을 대부분 들킬 것이 뻔한 방법으로 훔침
- 명백한 거짓말 - 진실을 말하는 게 쉬운 상황에서도 특별한 이유 없이 거짓말을 함
- 충동 조절의 어려움(빈번한 과잉 행동) - 심한 반항과 분노, 삶에서 일어나는 사건들에 통제가 필요함, 다른 사람 위에서 대장 노릇을 하려는 경향, 무언가 해 달라고 부탁받을 때 기나긴 말씨름으로 반응함
- 학습 부진 - 학업 성취 미달
- 인과 관계에 대한 이해가 부족함 - 자신의 행동으로 타인이 화낼 때 놀람
- 음식을 숨기거나 폭식함 - 이상한 것들을 먹는 습관(종이, 풀, 물감, 밀가루, 쓰레기 등)
- 또래 관계가 서투름 - 친구를 사귀고 일주일 이상 관계를 유지하는 데 어려움, 다른 친구들과의 놀이에서 대장 노릇을 하려고 함
- 불이나 피에 집착 - 불, 피, 엽기적인 것들에 매료되거나 집착함
- 끝없는 질문과 수다 - 끊임없는 비상식적인 질문과 수다를 늘어놓음
- 부적절한 요구와 떼씀 - 무언가를 부탁하지 않고 졸라 대서 주의를 끌려고 함, 원하는 것이 있을 때만 살갑게 대함

- 다른 심각한 증상들을 동반한 비정상적인 대화 패턴
- 성적 문제 행동 - 또래나 어른들을 성적으로 자극하는 행동을 할 수 있음, 공공장소에서의 자위행위

입양인이 애도하지 못하는 이유

다른 종류의 상실도 종종 그렇지만, “너는 슬퍼할 필요가 없단다.”라는 메시지를 주는 사회 속에서 입양 상실은 특히나 사회와 애도자 사이에 미묘한 상호 작용을 보인다. 제시카 드보어[Jessica DeBoer]의 경우처럼 말이다.

1993년 7월 19일 타임즈지의 표지에는 “이 꼬마는 누구의 아이인가?”라는 타이틀과 함께 어리둥절한 표정의 제시카가 입양 부모의 품에 안겨 있는 사진이 실렸다. 일 년이 채 되지 않은 1994년 3월 21일, 뉴스위크지에는 “더 이상 아기 제시카가 아니에요.”라는 타이틀로 환하게 웃고 있는 제시카의 사진이 실렸다. 이름을 포함하여, 제시카의 과거의 모든 흔적들은 지워졌다. [역주: 베이비 제시카 사건 – 미국 미시간 주에서 90년대에 있었던 입양 취소 사건. 제시카는 출생 시 입양되었으나 생부모가 재결합하며 입양 취소를 법원에 요청하였고, 법원은 입양 당시 생모가 생부에게 임신 사실을 숨겼던 것을 근거로 입양 취소를 받아들여 당시 2살 반이었던 제시카를 생부모에게 돌려보냈다.] 나는 많은 입양인 친구들과 마찬가지로 격노했다. 사회가 아무 잘못도 없는 한 아이의 슬퍼할 자유를 부인했기 때문이다.

입양인이 애도하지 않는 또 다른 이유는 애도할 필요가 없다고 느끼기 때

문이다. 어떤 입양인들은 입양을 단지 자신의 인생에서 일어난 한 사건일 뿐, 아무 의미도 없다고 생각한다. 만약 그에게 입양인을 위한 지지 모임에 참여할 의향이 있는지 물어본다면, 그는 "왜요?" 하고 반문할 것이다. 사람마다 상실에 반응하고 적응하는 방법이 다르며, 어떤 입양인은 정말로 애도할 필요가 없을 수 있다. 그러나 대다수의 사람들은 건강한 애도를 통해 더욱 온전해지며 타인과 더욱 친밀한 관계를 맺을 수 있게 된다.

입양인이 애도하지 않고 자신의 감정과 접촉하는 법을 배우지 못하는 세 번째 이유는 부모가 입양과 자녀의 표현하지 못한 욕구에 대해 제대로 교육받지 못했기 때문이다. 부모가 입양 상실로 인한 반응을 충분히 배우거나 이해하지 못하면, 자녀가 부모에게 표현하려는 핵심 문제를 이해하고 인정해 주는 것은 불가능하다.

애도의 핵심을 살펴보았으니, 이제는 애도의 과정을 통과한 후 맞이하게 되는 축복들을 알아보자.

애도 후의 축복들

사별 전문가이자 '관계 - 영적인 유대'라는 단체의 설립가인 리처드 길버트Richard Gilbert 목사는 자신의 입양 상실을 제대로 슬퍼한 아이가 누릴 수 있는 축복들을 선명한 그림으로 보여 주었다. 그는 다음과 같이 썼다.

> 나는 입양되었습니다! 입양은 나의 이야기의 일부이며, 그로 인해 나의 이야기는 '흥미'로워졌습니다. 이는 내가 애도하느라 고군분투하면서 삶에

서 힘겹게 이뤄낸 것이기에 이제는 이것이 흥미로운 이유가 있다고 주장할 수 있습니다. 누군가 나를 원하지 않았습니다. 이것은 나의 이야기가 되었고, 나의 흉터이자 분투가 되었습니다.

가족들 간의 역동과 더불어 다른 어려운 점들과 얽혀 나의 입양을 알게 되었을 때, '누군가 너를 원하지 않았고, 너는 어디선가 거절당했으니까 우리와는 조금 다른 거야.'라는 말을 들었을 뿐입니다. 의심스러운 사실들에 근거한 알리바이에 지나지 않은 '너는 다르다'는 말은 최근까지도 나를 조종하였습니다.

게다가 이 말은 일생 동안 내가 분노하고 논쟁하며 집요하게 그들의 잘못을 찾아내어, 원부모가 누구였든지 간에 '그 사람들이' 나를 포기한 것이 잘못이었음을 증명해 내려는 원동력이 되었습니다.

신앙과 자아 탐색, 멋진 아내와 가족과 나를 지지해 주는 친구들, 나를 위한 사별 작업이나 글쓰기, 또는 상담 치료와 '자유'를 향한 집념을 통해, 내 안에 있는 선함을 확인할 권리와 욕구를 인식하게 되었습니다.

결코 완전히 사라지지는 않겠지만 '누군가 나를 원하지 않았다'는 적어지고, '내가 누구이며, 내 인생이 어땠는지 살펴보는 것'은 커졌습니다.

이것은 무엇을 의미합니까? 입양이 표시나 흉터가 아닌, 선물로 인식하는 것을 배웠다는 의미입니다. 내 존재 자체가 선물이므로 입양도 선물입니다.

입양인이 치유되고 자유로워지려면 반드시 애도의 과정을 거쳐야 한다. 그러나 애도의 고통이 심하면 크나큰 분노가 된다는 것을 명심하기 바란다. 당신이 그 분노의 대상이 될 수 있으니 주의하라. 자녀의 분노를 부모에 대한 비난으로 받아들이지 않고 애도의 과정을 잘 거치도록 돕는 법을 배우는 것은 중요하다. 이어서 자녀를 도울 수 있는 방법을 다루어 보겠다.

6장

"해결되지 않은 나의 슬픔이 부모님을 향한 분노로 나타날 수 있어요."

"도대체 언제쯤이면 끝이 날까요?" 최근에 내가 진행했던 입양 워크숍에서 이십 대의 입양인 한 명이 눈물을 글썽이며 질문했다. 그녀는 자신의 분노에 대해 말하고 있었다. 불현듯 밀려와 폭발하는 화산 같은 분노 말이다.

그녀 혼자만 그렇게 느끼는 것은 아니었다. 그날 다른 입양인들도 공감하며 조용히 고개를 끄덕였다. 나 또한 그랬다.

어린 시절에 울화가 치밀었던 기억이 있다. 무엇이 나를 자극해서 그랬는지는 모르지만, 내가 아장아장 걸을 무렵, 방바닥에 앉아 목 놓아 울었던 모습이 아직도 생생하다. 사춘기 때는 데이트에 관한 문제로 감정이 폭발했다. 몇 시까지 데이트할 수 있는지, 어디에 갈 수 있는지, 이러한 것들은 청소년들이 겪는 정상적인 갈등이지만, 나는 이 질문에 대한 부모님의 대답을 심각하게 받아들였다. 나는 다른 십 대 청소년들과 마찬가지로 내 역량의 한계를 알아내려고 노력하고 있었고, 더불어 나의 입양과 관련된 근본적인 질문을 해결하기 위해 노력하고 있었다. '나는 도대체 누구인가?', '나는 얼마나 가치가 있을까?', '세상에서 내가 있을 곳은 어디일까?'

그 시기에 나는 이 세상의 어떤 부모라도 상처를 받을 만한 말들로 나의 입양 엄마를 맹렬히 공격하곤 했다. 분노가 누그러지면 착하게 굴지 않은 것 때문에 심한 죄책감에 시달렸지만, 또다시 폭발하곤 했다.

성인이 되어서도 감정은 시도 때도 없이 폭발했고, 남편에게 떠나겠다고 선언하는 것은 일상이 되었다. 나는 사소한 의견 차이에도 폭발했다. 남편이 출장을 갈 때면 나는 안절부절 못했다. 나의 분노의 기저에는 버려짐에 대한 근본적인 두려움이 있었다. 남편이 나의 기대에 맞추어 완벽하게 행동하지 않을 때에도 화가 치밀었다. 마치 분노의 롤러코스터를 타고 있는 것 같았다.

입양인이 느끼는 분노의 근원

사전은 분노를 "실제의 잘못뿐 아니라 잘못했을 것이라는 추측에서 비롯된 호전적인 태도와 불쾌함을 느끼는 강렬한 감정"으로 정의한다. 이를 입양 용어로 풀어보자면, 입양인은 근본적으로 자신이 잘못됐다고 느끼는 것을 의미한다. 의식적으로는 친권 포기를 상처라고 느끼지 않을지라도, 마음속 깊은 곳에는 '어떻게 아홉 달 동안 배 속에 품고 있던 아기를 남에게 줘버릴 수 있지?' 하는 질문이 자리하고 있다. 한 성인 입양인이 그녀의 이야기를 하며 "그냥 줘 버렸다."는 말을 할 때 목소리가 떨리던 것을 기억한다. 또 다른 여성은 부당함에 대해 설명하며 "생모가 나 없이 삶을 이어간다는 것을 정말 믿을 수 없어요."라고 말했다.

역설적이게도, 이 부당함이라는 감정은 생모에 대한 묘한 애정 및 충성심과 함께 입양인의 마음속에 자리 잡고 있다. 이는 어릴 때 입양된 성인 입양인들의 지지 모임에서 명백하게 드러났으며, 입양 아동들에게도 해당된다. 한 성인 입양인은 인근 병원의 신생아실을 방문하여 자신의 입양 상실을 탐색하면서 이 역설적인 감정을 더욱 분명하게 느꼈다. 그녀는 몇 분 동안 아이들을 관찰하면서 아기들의 입장에서 생각하려고 노력했다. '출생과 친권 포기에 대해 나는 어떤 감정을 느꼈을까? 내 주변에서 어떤 일들이 벌어졌던 것일까?' 그녀는 자신의 생각을 적어 입양인 지지 모임에서 발표했다.

그 모임의 참가자들은 그녀에게 동의하기는 했지만 분위기는 가라앉았다. 다음 모임에서 그녀는 생모에 대한 비밀스런 생각들을 입 밖으로 꺼내는 것이 두려웠다고 고백했다. 바로 그때, 스무 살의 남성 입양인이 "당신에게 복사본을 달라고 하고 싶었지만, 선뜻 부탁하기 어려웠어요."라고 말했다.

다음은 그녀의 생각을 담은 글이다.

왜 당신은 내가 태어난 이후에 모든 상황을 그렇게 결정해 버리고 아무것도 선택할 수 없고 말도 할 수 없는 상태로 나를 홀로 남겨 뒀나요?

왜 당신이 가야 할 유배지에 나를 대신 보내 버린 건가요?

왜 당신은 온전해질 수 없는 자리에 나를 앉혔나요?

왜 나는 내 자신의 행복보다, 나를 낳아 주신 엄마인 당신의 행복을 더욱 신경 쓰는 걸까요?

걱정이 되어 당신을 찾아 나서는 것은 왜일까요?

나는 잘 지내고 있으니 걱정 말라며 당신을 안심시키고 싶은 것은 왜일까요?

왜 나는 당신이 그 당시에 그런 결정을 내릴 만큼의 큰 힘을 준 걸까요?

나는 왜 나를 입양인으로 만들어 내 인생을 망쳐 버린 하나님께 화를 냈을까요?

실제로는 하나님께서 나를 보호하려고 당신의 삶 밖으로 나를 데려가신 건데 말이죠.

내가 당신이 그 모든 상황을 그렇게 결정하도록 내버려 두고는, 당신의 고통을 나의 일생 동안 기꺼이 짊어지려고 하는 건 왜일까요?

왜 이런 거죠?

제발 누구라도 대답 좀 해 주실래요?

윗글을 읽고 당신의 입양 자녀가 미처 말하지 못한 속마음에 대한 단서를 찾길 바란다. 아이가 입양모에게 반항하는 것은 아이가 생모에 대해 숨겨진 충성심을 가지고 있음을 나타내는 명확한 증거이다. 국제적으로 알려진 작가이자 입양 부모인 낸시 베리어Nancy Verrier는 ≪원초적 상처≫에서 "입양인들의 유기된 경험은 유기한 엄마로부터 입양 엄마에게로 투사됩니다. 자신의 옆에 있는 사람은 생모가 아니라 입양 엄마이기 때문입니다."라고 말한다.

분노는 복잡한 감정이다. 그것은 억압될 수도 있고, 다른 곳을 향할 수도 있고, 다른 이에게 투사될 수도 있다. 따라서 분노는 많은 메시지들이 뒤얽혀서 구성된다. "나는 부당한 대우를 받았어요."라는 핵심 메시지 말고도 많은 입양인들의 마음속에는 다른 생각들이 숨겨져 있다.

"엄마, 제발 돌아오세요!"

입양인의 분노는 근본적으로 생모를 향하고 있으며, 마음속에는 생모와 재결합하고 싶다는 갈망과 자신을 유기한 생모에게 벌을 주고 싶은 욕구가 공존한다.

"엄마, 엄마는 나를 떠나는 실수를 저질렀어요. 다시는 나를 떠나지 마세요. 다시 돌아와 주세요!"

입양인의 분노는 격노로 전이되기 쉽다. 이는 생모가 떠났던 그 순간에 형성된 근본적인 격노이다. 베리어는 ≪원초적 상처≫에서 "난데없이 나타난 것처럼 보이는 압도적인 분노는 어떤 상황에서 갑자기 폭발하거나 혹은 마음속 깊이 파묻혀 사람을 멍하게 만들기도 합니다. 유아기 때에 형성된 격노이지요. 어떤 사람들은 마음속에 도사리고 있는 이 강력한 격노를 전혀 눈치채지 못하기도 합니다. 반면에 모든 사람들과 모든 것에 화가 나 있는 것처럼 보이는 사람들도 있습니다."

어느 입양인은 몇 년 전 그녀의 근본적인 격노를 마주했을 때를 이렇게 서술했다. "오, 보드랍고 순수한 아가야. 너는 너를 내어 준 사람을 향한 화산 같은 분노가 가슴 깊은 곳에 자리하고 있다는 것을 모르고 있구나. 네 마음속에 묻혀 있는 공포의 씨앗이 시간이 지날수록 영글어 간다는 사실을 모르는구나. 너를 깊이 사랑하며 너를 살피시는 하나님이 계시는 것을 모르는구나. 그분은 네 인생의 시작과 끝을 지켜보시며, 지금 이 결과로 인한 황폐함을 보시고 눈물을 흘리고 계시는 것을 모르고 있구나. 너는 아무것도 모른 채, 그저 가볍게만 생각하는구나."

입양인이 격노와 마주하게 되면, 이를 끝낼 수도 없고 통제할 수도 없을 것처럼 보인다. 상처받은 유아는 시간 감각도, 고통을 끝낼 능력도 없기 때문이다.

"나는 외로워요."

입양인들의 분노에 숨어 있는 다른 메시지는 '외롭다'이다. 외로움은 고립의 감정이다. 이것은 가까운 사람과의 연결이 끊어졌다는 공허한 감정이다.

이 점에 있어서, 많은 입양인들은 자신의 엄마가 '낳아 준 엄마'가 아니라는 이유로 입양 엄마에게 화를 낸다. 그들은 생모와의 친밀함을 누릴 기회를 놓쳤기에 그것을 갈망한다. 피셔 박사와 왓킨스 박사는 ≪어린 자녀와 입양 말하기≫에서 유아기 아이들조차 이런 생각을 표현한다고 말했다. 그들은 네 살짜리 아기를 예로 들었다. "내가 이 안에 있었을 때, 엄마 배가 커지고 뚱뚱해졌나요?" 부모는 아니라고 대답했다. "그치만 난 **엄마 배 속에** 있고 싶었단 말이에요."

"당신은 비난받아 마땅해요."

입양인의 분노는 자신의 상실과 관련된 사람이라면 그 누구에게라도 향할 수 있다. 또한 그 분노는 어떤 면에서든 재결합을 방해하는 사람에게 향하는데, 주로 입양 부모가 분노의 대상이 되곤 한다. 옆에 있어 만만한 입양 부모, 특히 입양 엄마가 주로 분노의 공격 대상이 된다. 알지도 못하는 대상(생모)에게 화내기는 어렵지 않은가. 입양인이 생모에게 분노를 키우면서도 이를 자각하지 못하는 경우가 많다.

내 삶의 대부분 동안 입양 엄마를 향한 분노로 죄책감에 시달렸다. 나에게 결함이 있다고 생각했기 때문이다. 하지만 내가 경험했던 상실의 관점에서 보면, 몇 가지 이해할 만한 이유 때문에 화를 냈다는 것을 이제는 알게 되었다.

엄마가 입양과 관련된 주제에 대해 나와 함께 열린 자세로 탐구하지 않은 것에 화가 났다. 엄마가 입양과 관련된 주제를 불편해하는 데 화가 났다. 내가 화를 내거나 격한 감정을 보일 때마다 엄마가 비웃는 것 같아 화가 났다.

엄마가 내가 묻는 입양에 대한 질문을 대수롭지 않게 받아들여서 화가 났다. 엄마는 나의 상실과 애도의 과정을 도와줄 능력이 없었기 때문에 결국 나는 엄마를 비난하게 되었다. 물론 나의 상실이 엄마의 책임은 아니었지만, 내 마음 깊은 곳의 울음소리를 엄마가 '들어주기를' 간절히 원했다. 그러나 엄마는 그러지 못했고, 그것은 나의 화를 돋우었다.

"더 이상 상실을 경험하지 않도록 나를 지킬 거예요."

입양인의 분노에는 "나는 앞으로 더 이상 상실을 경험하지 않도록 내 자신을 지켜야 해요. 그러니까 당신을 밀어내겠어요."라는 메시지가 담겨 있다. 대개는 무의식적인 생각이지만, 입양 엄마가 '그나마' 엄마가 될 수 있도록 엄마와 가깝게 지낼 뿐, 온전히 자신의 엄마가 되게 하지는 않는 입양인에게서 이 메시지를 읽을 수 있다.

아이의 해결되지 않은 슬픔으로 인한 마음의 벽을 입양 엄마가 알게 되면, 자신을 거절한 것으로 오해하기 쉽다. 그러면 엄마로서의 역할에 자신이 없어지게 된다. 아이는 엄마의 이런 자신 없는 모습을 보고 엄마가 자신을 거절했다고 받아들이게 되어, 이러한 거리감은 계속 반복된다.

"나는 당신과 달라요."

임상 심리학자 존 타운센드John Townsend 박사와 헨리 클라우드Henry Cloud 박사는 그들의 저서 ≪경계선≫에서 이렇게 말한다. "아이들은 분노가 자신의 친구임을 배워야 합니다. 하나님은 목적을 가지고 분노를 창조하셨습니다. 분노는 직면해야 할 문제가 있다는 것을 알리기 위함입니다. 분노는 이 아이들의 경험이 다른 사람의 경험과 다르다는 것을 알려 주는 한 방식입니다."

자녀가 입양의 기적을 당신처럼 긍정적으로 바라보지 않을 수 있음을 기억하라. 아이는 특별하고 독특한 경험을 하는 중이며, 부모인 당신은 입양인이 아니므로 그 경험을 완전히 이해할 수는 없다. 아이는 잃어버린 엄마와의 재결합과 입양 부모와의 친밀함을 간절히 원하는데, 분노 말고는 달리 그 마음을 표현하는 방법을 모를 수 있다. 자녀의 독특한 여정을 이해하고, 아이가 치유되는 데 필요한 연결 고리들을 만들도록 돕는 일은 매우 중요하다.

입양인은 어떻게 분노를 드러내는가?

입양인은 여러 가지 방식으로 분노를 표출할 수 있다. 타인을 향한 격렬한 분노로 나타날 수도 있고, 혹은 어둡고 축축한 곳에서 서서히 자라는 이끼와 같이 은근히 드러날 수도 있다.

국제적으로 저명한 저술가이자 강연자인 베티 진 리프톤Betty Jean Lifton 박사는 그의 저서 ≪입양인의 자아 탐색≫에서, "분노는 우울증의 다른 얼굴입니다. 분노는 항상 입양인의 마음속에서 건드려지기만을 기다리고 있습니다. 입양인들이 수년 동안 쌓아 올린 분노는 억제할 수 없는 격노로 분출되기도 하는데, 그들의 억압된 분노는 다음과 같습니다. 입양되었다는 분노, 남들과 다르다는 분노, 자신의 근원을 알 수 없다는 무력감에서 오는 분노, 가족의 부정적인 분위기로 인해 자신의 감정을 솔직히 표현하지 못하는 것에 대한 분노 등입니다. 이런 분노들이 오랜 시간 동안 아이 안에 쌓이게 되면 결국 절도, 방화, 기물 파손 등의 공격성으로 표출되고, 풀리지 않은 채 남아 있다가 폭력으로 드러나게 됩니다."

조지 워싱턴 의과 대학 임상 교수이자 ≪슬픈 성장: 아동기 우울증과 치료≫의 저자인 레온 시트린Leon Cytryn 박사와 도널드 맥뉴Donald McKnew 박사는 6세에서 12세 사이 아동의 우울증은 급성 우울증, 만성 우울증, 가면 우울증 등의 세 가지 방식으로 나타난다고 말했다.

급성과 만성 우울증은 서로 유사한 양상을 보이는데, 주로 아동의 학업과 사회 적응에서 심각한 장애를 가져온다. 수면 장애와 섭식 장애, 절망감과 무력감, 행동의 지연, 자살 충동과 시도 등이 그 예이다.

가면 우울증은 종종 문제 행동과 관련이 있는데, 절도, 방화, 약물 복용, 가출, 폭행 등의 반사회적인 행동을 통해 다양한 감정을 완화하거나 표출하고자 한다. 가면 우울증은 내부에 있는 비밀스런 감정을 공격적인 문제 행동으로 표출하기 때문에 반사회적인 행동 같은 결과를 초래한다.

생모인 케롤 코미사로프Carol Komissaroff는 ≪킨퀘스트≫에 기고한 그녀의 탁월한 글 〈성난 입양인〉에서, "입양인의 분노가 다른 종류의 분노와 유일하게 다른 점은 입양인이 그들의 입양과 관련된 분노를 집에서 공개적으로 말할 수 없다는 것입니다. 왜 그럴까요? 첫째, 은혜를 원수로 갚는 것은 옳지 않기 때문입니다. 둘째로 그것은 부모님을 불편하게 하기 때문입니다. 그래서 그들은 분노를 쌓아 두었다가 반사회적인 다른 방법으로 드러내는 것입니다."

시트린 박사와 맥뉴 박사는 부모들에게 다음과 같은 가면 우울증의 증상들을 경계하라고 전하고 있다.

• 어떤 이유인지 아이가 우울감에 빠져서, 일주일 내에 편안한 상태나 평범한 삶으로 돌아올 것 같은 신호가 보이지 않을 때-혹은

심각한 상실을 경험한 후 6개월 이내

- 아이가 매일의 일상을 어떻게 보내는가? 평상시처럼 노는가? 수업은 잘 따라가고 있는가? 모형 비행기를 날리는가? 인형을 가지고 노는가? 자전거는 잘 타고 있는가?
- 식습관과 수면 패턴에 갑작스런 변화가 있다. 우울증이 있는 아이들은 잠을 매우 많이 자면서도 지속적인 피로감을 느낀다. 자녀가 꼭두새벽에 일어나는데 왜 그러는지 모르겠는가?
- 자살을 시도하려는 경향이 있다. 주의깊게 살펴보면 아이가 계획한 것을 알아낼 수도 있다.
- 혹시 아이가 집에서는 숨죽이고 다니면서 집 밖에서는 활동적인가?
- 거의 모든 일에 대해 자기 자신을 맘에 들어 하지 않는다… "나는 왜 자전거를 더 잘 타지 못해요?"

부모가 아이의 우울증을 감지했을 때 취해야 할 태도는 다음과 같다.

- 책임을 전가하지 말라 - 가족의 문제를 아이에게 돌리고 비난하지 않기
- 분노, 좌절, 우울을 인정하라.
- 아이에게 특별히 많은 관심을 기울여라.

무엇이 입양인의 분노를 자극하는가?

입양인의 분노를 자극하는 것에는 근본적으로 두 가지 요인이 있다. 바로 거절감과 두려움이다.

거절감

의심할 여지 없이 입양인들은 누군가 자신을 거절하거나 무시했을 때 분노가 끓어오른다. 즉 입양인을 향한 존중이 부족하거나, '난 너의 가치에 대해 전혀 관심이 없어.'라는 메시지가 전해질 때 분노를 느낀다.

≪입양됨: 평생에 걸친 자아 찾기≫의 저자 브로진스키 박사와 섹터 박사는 "자신이 '포기'되거나 '거절'되었다고 생각하는 아이들은 대체로 생부모에게 화가 나 있습니다."라고 말한다.

"나는 생부모가 저지른 일 때문에 그들이 미워요." 열 살짜리 메건이 말했다. "그들은 나를 키울 만큼 나를 아끼지 않았어요. 내가 흉물인 양 나를 다른 사람에게 보내 버렸어요."

"할 수만 있다면 그들을 주먹으로 때리거나 물에 빠뜨려 버리고 싶어요." 일곱 살 드루가 말했다. "나를 낳아 주신 분들은 아주 나빠요. 그들은 나를 원하지 않았어요. 하지만 난 상관없어요. 그들은 형편없는 사람들이니까요."

브로진스키와 섹터는 입양 부모가 자신을 '훔쳤다'거나 '샀다'고 생각하는 아이들은 주로 입양 부모에게 화가 나 있다고 말한다.

"낳아 준 엄마 아빠가 나를 그리워하며 찾고 있을 것 같아요." 일곱 살 윌이 말했다. "그들은 내가 어릴 때 나를 잃어버렸어요. 입양 기관 사람들이 나를 데려다가 지금의 엄마와 아빠에게 준 거예요. 부모님은 아기를 가질 수가 없었거든요. 그들이 그렇게 한 게 너무 화가 나요."

자신에게 무슨 문제가 있어서 입양 보내졌다고 생각을 하는 아이들은 그들 자신에게 화가 나 있다.

"아마도 어릴 적 내가 너무 많이 울었거나, 잘 먹지 않았을 거예요." 여덟 살 멀리사가 말했다. "내가 뭔가 잘못했던 것 같아요. 내 탓이에요."

기본적인 욕구가 충족되지 못할 것이라는 두려움

입양인의 분노를 자극하는 두 번째는 필수적인 욕구가 채워지지 않을 것이라는 두려움이다. 당신은 "하지만 제 아이의 기본 욕구는 늘 충족되었어요."라고 말할 것이다. 그러나 계속 읽어 나가면 당신은 아이를 좀 더 잘 이해하게 될 것이다.

찰스 앨런Charles Allen이라는 작가는 ≪정부의 소집단 경제에 관한 연구≫에서 제2차 세계 대전이 끝날 무렵 연합군이 모아 온 많은 고아들에 관한 이야기를 썼다. 고아들은 먹을 것을 충분히 주는 캠프에서 지내게 되었다. 그러나 훌륭한 보살핌에도 불구하고, 고아들은 여전히 두려움에 떨며 숙면을 취하지 못했다.

마침내, 한 심리학자가 해결책을 제시했다. 각각의 아이들에게 잠자리에 들 때, 빵을 하나씩 손에 쥐어 준 것이다. 배고파하면 음식을 더 많이 주었고, 식사가 끝난 후에도 이 특별한 빵 한 조각을 먹지 않고 가지고 있게 했다.

결과는 놀라웠다. 고아들은 자신이 다음 날 먹을 수 있는 음식이 보장되었다는 사실을 인식한 채 잠자리에 들었다. 그제서야 아이들 편안하고 만족스럽게 숙면을 취했다.

이는 입양의 정신 역동에 관한 훌륭한 예시이다. 생부모와 분리된 입양인의 심적인 트라우마는 재앙이었던 세계 대전처럼 역사책에 기록되어 있지 않다. 그러나 그 트라우마는 사건을 겪은 사람들의 마음속에 지워지지 않은 채 새겨져 있다. 아이가 입양 전에 겪었던 생애 초기의 트라우마를 다시 한번 숙고해 보라. 이것이 바로 입양인이 믿을 만한 보호자가 자신의 기본적인 욕구를 충족시켜 줄 것이라고 신뢰하는 법을 배우기 어려운 이유이다.

그레고리 켁Gregory Keck 박사는 말한다. "아이가 처음으로 개인적인 욕구를 인식하게 되면, 아이는 이러한 욕구를 분노로 표현합니다. 아이는 다른 사람으로부터 음식이나 스킨십, 눈맞춤이나 움직임, 혹은 다른 자극과 같은 만족감을 얻을 것을 기대합니다. 만일 만족하게 되면, 보호자를 더욱 신뢰합니다. 만일 당신이 위와 같은 것들 중 어떤 것이나 혹은 모두를 제공한다 해도 아이가 편안해 보이지 않거나 당신과 접촉되어 있는 것처럼 보이지 않는다면, 아이는 자신의 기본적인 욕구가 충족되지 않을 것 같은 뿌리 깊은 두려움을 경험하는 중일 수 있습니다."

부모가 할 수 있는 것

아이를 안심시켜라

생부모가 아이를 포기한 진짜 이유를 아이에게 강조하라. 아이에게 결함이 있어서 입양된 것이 아니라, 생부모가 부모가 될 능력이 없었기 때문임을 아이에게 분명히 하라. 아이가 자신의 친권 포기를 바라보는 관점은 매우 중요하다.

입양아인 아홉 살 매기는 "나는 틀림없이 못생긴 아기였을 거예요. 그렇지 않았다면 나의 엄마가 나를 보내 버리지 않았을 거예요."라고 말했다. 만일 매기가 나의 딸이었다면, 나는 "그건 참 끔찍한 느낌이야. 정말 아프다. 그렇지?"라며 아이의 느낌에 공감했을 것이다. 단순히 부정적인 것을 긍정적인 것("어머, 그렇지 않아. 네가 얼마나 예쁜데.")으로 바꾸려는 노력은 입양인의 감정의 실제를 부정할 뿐이다. 물론 진심 어린 긍정적 피드백을 줘야 하지만, 그러한 피드백이 인정이나 공감보다 앞서거나 대체되어서는 안 된다. 균형 잡힌 접근은 아이의 상처를 치유하는 핵심 요소이다.

아이가 화내는 것을 용납하라

새로운 상담사에게 내 이야기를 꺼냈을 때를 잊지 못한다. 그때 그녀는 나에게 "셰리, 당신은 화낼 권리가 있어요."라고 말했다.

"화낼 권리?" 나는 혼잣말로 되풀이했다. "그건 새로운 개념이네요."

과거의 언젠가 신앙적인 맥락에서, 나는 화를 내는 것은 옳지 않다고 배웠다. 하나님께서 나의 분노를 아시고 그것들을 기꺼이 받아 주시며 나의 분노를 올바르게 다루실 수 있다는 사실을 잘 모르고 있었던 것이다.

화를 내도 "괜찮다"고 말해 주는 것은 아이가 분노를 억압하는 것을 막아주며 치유의 길을 계속 가도록 도와준다. 부모가 "얘야, 엄마는 너의 그 분노가 마음에 들어. 널 보렴. 생기가 돌잖니?"라고 말해주는 것도 바람직하다.

유능한 전문가를 찾으라

나는 모든 입양 아동들이 복잡한 미로를 헤치고 나오는 데에 상담이 유익하다고 믿는다. 그러나 상담사를 선택할 때는 신중을 기해야 한다. 모든 상담사가 입양 이슈를 다룰 준비가 되어 있는 것은 아니기 때문이다.

가족 관계 센터의 설립자이자 소장인 조이스 매과이어 파바오Joyce Maguire Pavao 박사는 ≪가족 치료 신문≫에 기고한 글에서 다음과 같이 보고했다. "상담 전문가 과정에서도 입양과 관련된 실제적인 교육은 없습니다. 사회복지 프로그램에서는 사례 연구가 하나 정도는 있는 것 같습니다. 누군가 논문 주제로 삼지 않는다면, 결혼 가족 치료 과정이나 심리학 대학원 과정에서도 입양을 다루지 않습니다. 게다가 입양 이슈를 이해하고 있거나 이 분야에 경험이 있는 교수진을 찾는 것도 어렵습니다. 미국의 의과 대학 커리큘럼에서도, 두어 단락에서만 입양을 언급하고 있을 뿐입니다. 미국 결혼 가족 치료 협회(AAMFT)는 연례 콘퍼런스에서 가끔씩 입양에 관한 워크숍을 한두 번 정도 개최합니다. 정신 건강 전문 콘퍼런스에서도 입양 이슈를 충분히 다루지 않습니다."

코니 도슨Conny Dawson 박사는 부모 교정 치료, 대상 관계 치료 등 상담 이상의 다른 치료들을 행하는 지역의 전문가를 찾으라고 조언한다. 효과적인 입양 치료사는 내담자가 깊이 애도하고 그에 따른 분노를 다루어 가는 과정을 돕는 데 능숙해야 한다.

창의적인 치료법들을 이용하라

미술 치료는 아이가 자신의 진짜 감정들을 표현하는 훌륭한 배출구가 될 수 있다. 마이라 레빅Myra Levick 박사의 저서 ≪내가 말하는 것을 보세요: 아이들이 그림으로 말하는 것≫은 부모에게 좋은 자료가 된다. 레빅 박사는 아이들이 그림을 통해 드러내는 것들과 어린이의 창의성에 영감을 불어넣는 방법, 아이들의 그림을 이해하기 위한 발달 단계적 접근을 설명하고 있다. 그녀는 또한 미술 치료를 증진시키는 좋은 단체들의 목록을 제공한다.

십 대와 성인들이 왼손으로(왼손잡이는 오른손으로) 그림을 그려 본다면, 자신의 감정과 더욱 쉽게 접촉할 수 있을 것이다. 입양인에게 자신이 주로 쓰는 손의 반대쪽 손에 연필이나 크레용을 쥐게 하고, 마음속에서 느끼고 있는 것을 그리게 하라. 서툴고 약한 손을 사용하면 오히려 오랫동안 묻어 둔 감정을 드러낼 수 있다.

흰 종이로 한쪽 벽을 덮어 그림을 그리는 것도 가족 단위로 할 수 있는 활동이다. 가족 구성원 모두에게 벽에 각자의 그림을 그리도록 하라. 이 테크닉을 사용하는 한 치료사는 이 방법이 가족 간의 역동을 정확히 보여 준다고 말한다. 이것은 치료사와 부모에게 좋은 도구가 될 수 있다.

지금까지는 입양인의 분노와 그것이 어떻게 드러나는지를 탐구했다. 이제는 아이가 숨겨진 상실을 애도하는 것을 도울 수 있는 몇 가지 특별한 방식을 자세히 살펴보겠다.

7장

"나의 상실을 슬퍼할 수 있게 도와주세요. 입양에 대한 나의 감정과 접촉하고 인정하는 법을 가르쳐 주세요."

당신은 이제, 아이에게 특수 욕구가 있다는 것과 아이가 입양 상실을 애도하는 것이 중요한 일임을 알게 되었다. 지금부터 입양 자녀가 자신의 슬픔을 생산적으로 애도하도록 도울 수 있는 몇 가지 실제적인 방법들을 살펴보겠다. 부모의 가장 큰 도전 과제는 우선 이미 존재하는 특수 욕구를 확인한 후, 아이가 그것을 말로 표현할 수 있도록 돕는 것이다. 이것은 아이에게 자신이 통제할 수 없다고 느끼는 무언가를 장악하고 통제할 수 있게 해 준다.

아이들은 내재된 고통을 표현하는 방법을 잘 모르고 있다. 특히 11세 이하의 아이들 대부분은 자신이 느끼는 고통스러운 감정들을 자유롭게 표현하거나 상세하게 말할 수 없다. 그렇기 때문에 아이들이 괴로워하고 있다면, 이는 반드시 행동으로 나타난다.

과거에 이러한 나의 고통을 잘 보여 주는 한 가지 사건을 기억한다. 내가 몇 살이었는지 정확히 기억나지 않지만 아마 일곱이나 여덟 살쯤이었던 같다. 부모님이 오후에 골프장에 가셨다. 나는 부모님을 기쁘게 해 드리고 싶어서 집을 청소하기로 결심했다. 빗자루와 세제를 꺼내서 방을 하나씩 청소했다.

나는 바닥을 쓸면서 부모님이 얼마나 좋은 분들이신지와 내가 엄마 아빠를 얼마나 사랑하는지를 생각하고 있었다. 나는 의식적으로 좋은 생각들만 하려고 했었지만, 돌이켜 보니 그때 기분이 나빴던 게 분명하다. 연령과 상관없이 모든 입양인의 근본 문제가 버림받는 두려움과 홀로 남겨지는 것에 대한 분노임을 고려해 보면, 내 안에 묻혀 있던 고통은 이후에 내가 보였던 행동으로 드러났던 것 같다.

부모님의 침실에 들어가서 엄마 화장대의 먼지를 털어 내다가 화장대 위에 열린 채로 놓인 앤티크 브로치를 발견했다. 나도 모르게, 그 브로치를 손에 꼭 쥐고는 화장대의 오른편에는 '엄마 사랑해요', 왼편에는 '아빠 사랑해요'라는 글자를 새겼다. 얼른 부모님이 집에 오셔서 내가 준비한 이 특별한 의미의 글귀를 보시기를 고대하고 있었다. 그때는 내가 부모님을 위해 정말로 무언가 착한 일을 했다고 생각했다.

부모님이 돌아오시자 우리는 방을 하나씩 둘러보았다. 부모님은 모든 방들이 훌륭하고 깨끗하게 청소되었다고 극찬하셨다. 마침내 우리는 침실에 다다랐다. 그러나 엄마는 화장대에 아로새긴 글귀를 보자마자 고개를 떨구며, "우리도 너를 사랑해. 아가야."라고 간신히 말씀하셨다.

그 사건을 되돌아보니, 당황스런 상황에서조차도 사랑이 넘치는 부모가 되고자 했던 엄마는 내가 저지른 일을 부정하며 내 나이에 알맞은 후속 조치를 취하지 못하셨다는 생각이 든다. 다수의 입양 부모가 그렇듯 우리 부모님도 진짜 감정을 숨긴 채 다른 식으로 표현되는 나의 이러한 행동에 적절히 대처하는 방법을 전혀 모르셨던 것 같다. 만약 부모님이 내가 나의 감정들과 접촉할 수 있도록 도와주는 법을 배우셨더라면, 나는 아마도 부모님의 자녀가 된 이후로 숨겨 왔던 슬픔과 분노를 해결하고 치유할 수 있었을 것이다.

예를 들면, 만약 부모님이 "너도 우리와 함께 골프장 가고 싶었니? 우리가 가고 없을 때 무슨 생각이 들었어? 외로웠니? 우리가 돌아오지 않을까 봐 걱정했어?"와 같은 공감 어린 질문들로 문제의 본질에 접근해 들어갔다면, 나는 부모님의 끝없는 헌신만을 기억했을 것이다. 버려질지도 모른다는 두려움은 진정되었을 것이며, 분노가 잠잠해지고 우리 사이의 관계는 더욱 깊어졌을 것이다.

입양모 섀넌은 자신의 아들이 상실과 애도에 관련된 무의식적인 감정으로 인해 문제 행동을 보였던 때를 이야기해 주었다. 어느 날 밤 섀넌과 아이들은 모임에 가는 길이었다. 그들이 차에서 내려 건물 근처에 왔을 때, 아들은 그 자리에 꼿꼿이 서서 소리쳤다. "나는 더 이상 안 갈 거예요!"

눈치 빠른 섀넌은 아들이 입양 문제로 고통받고 있다고 느꼈다. 일전에 그들은 아이의 생모와 언젠가 재회할 가능성에 대한 이야기를 나누었는데, 그때 섀넌의 아들은 지금 보이고 있는 것과 비슷한 분노와 두려움을 표현했었다. 다른 아이들을 먼저 보낸 후에, 섀넌과 아들은 더 깊은 대화를 나누기 위해 차로 돌아왔다. 그녀는 물었다. "아들, 무슨 문제가 생겼니? 뭐가 잘못된 거야? 엄마가 도와주고 싶은데."

마침내 아들은 겸연쩍게 고개를 숙이며 말했다. "뭐가 잘못된 건지도 모르겠어요, 엄마."

섀넌은 아들의 눈을 똑바로 보며 말했다. "우리가 병원에 가서 의사에게 물어본다고 해도, 의사 선생님도 무엇이 잘못됐는지 모를 거야. 사실 엄마도 뭐가 잘못된 건지 모르겠어. 그렇지만 너 이거 아니? 무엇이 잘못된 건지 몰라도 괜찮아. 진짜로 괜찮은 거야."

'어린 내 아이가 자신이 느끼는 감정이 무엇인지 말하지 못한다면, 내가 어떻게 아이의 애도 과정을 도울 수 있을까?'라고 생각하는 것은 당연하다. 입양 아동이 자신의 숨겨진 생각과 감정에 접촉할 수 있도록 돕는 가장 좋은 방법은 '이야기하기'이다. 독일 작가인 브루노 베텔하임Bruno Bettelheim은 이렇게 말했다. "삶 그 자체에서 배운 진실보다 어릴 적 들었던 동화 속에 더 깊은 의미가 내재되어 있습니다." 아이는 자신의 현실을 표현하고 해석하는 데 환상과 놀이를 자연스럽게 사용한다. 아이에게 그의 입양 이야기나 적절한 이야기, 혹은 아이의 경험과 관련 있는 진실을 묘사한 동화를 들려 줄 때, 부모는 아이만의 '영역'과 만나게 된다. 이는 또한 입양에 관한 아이의 비밀스런 감정과 신념을 끌어낼 좋은 기회가 된다.

이야기를 통한 치료

나의 부모님은 입양에 대해 거의 언급하지 않으셨지만, 1940년대에 많은 인기가 있었고 여전히 출판되는 발렌티나 P. 왓슨Valentina P. Wasson의 ≪선택된 아기≫라는 이야기책을 읽어 주시곤 했다. 그러나 요즘에는 많은 사람들이 그 책을 읽는 것을 반대하고 있다. 이 책이 입양 아동들에게 '특별한 존재'가 되라는 미묘한 압력을 주고 있으며, 이는 입양인들에게 불필요한 메시지이기 때문이다.

어린 시절부터 친근했던 이 이야기를 최근에 다시 읽었는데, 우려되는 두 가지 요소를 발견했다. 한 가지는 단어 선택에 관한 것이다. "(예비 입양 부모들은) 자신의 아이가 없습니다." 그렇다면 입양된 아이는 무엇인가? 차선이라면… 입양 아동은 진짜 그들의 아이가 아니란 말인가?

두 번째로 우려되는 부분은 복지사가 부모들에게 "만약 이 아이가 당신들에게 **딱 맞는** 아기가 아니라면 저에게 말해 주세요. 다른 아이를 찾아볼 테니까요."라는 문장이다. 아이들에게 이 책을 읽어 주는 것을 상상하기가 어렵다. 아이는 '내가 정말 부모님에게 딱 맞는 아이였을까?'라며 궁금해 할 수 있다. '부모님이 마음을 바꾸면 어쩌지? 그렇게 되면, 나에게 무슨 일이 일어나게 될까?'

비록 선택된 아이의 이야기가 결점을 가지고 있지만, 어린아이였던 나는 이 이야기를 통해서 내가 어떻게 입양되었는지에 대한 긍정적인 환상을 키울 수 있었다. 이 이야기가 나의 환상이 자라는 데 밑거름이 되어 준 것이다. 레타와 마이크라는 아름다운 젊은 부부는 아기를 가지기를 간절히 원했지만 가질 수 없었다. 그래서 그들은 '아기 마트'에 가기로 결심했다. 뚱뚱한 아기, 마른 아기, 머리에 파란 리본을 한 아기, 핑크 리본을 한 아기 등등이 나란히 진열되어 있었다. 어떤 아기들은 세상의 근심이 전혀 없이 천사처럼 잠들어 있었던 반면, 어떤 아기들은 얼굴이 벌겋도록 울고 있었다. 레타가 검은색 머리카락과 눈동자를 가진 한 아이를 발견할 때까지 부부는 통로를 이리저리 돌아다니며 살폈다.

"이리로 와 봐요, 마이크!" 레타가 외쳤다. "아기를 찾은 것 같아요! 우리가 기다려 온 아기를 찾았어요."

마이크는 와서 아기인 나를 보고는 말했다. "레타, 정말 사랑스럽지 않소?

이 아이를 집에 데려가서 우리 아이로 삼읍시다."

이러한 긍정적인 환상은 어린 나의 마음에 두 가지 이로움을 주었다. 첫째, 그것은 해결되지 않은 입양 상실로 인해 마음속 깊이 느꼈던 견디기 힘든 고통으로부터 나를 지켜 주었다. 피터 F. 도즈Peter F. Dodds가 자서전, ≪밖으로의 탐색, 안으로의 여행≫에서 잘 묘사했듯이 이러한 환상은 '안쪽에 숨어 있을 때 바깥 세계로부터 안전하게 지켜 주고 아무도 나를 다치게 할 수 없도록 보호해 주는 성(城)'의 역할을 해 주었다.

둘째, 환상은 어린 내가 입양 이슈를 해결하려고 노력하는 데 도움을 주었다. 한때 다른 사람들에게 굳게 닫혀 있었던 성의 문을 열어 주어서, 아이의 수준에 맞게 슬픔을 다루는 데 상당한 도움이 되었다.

그러나 아주 어린아이들에게 입양을 어떻게 설명할지에 대한 견해는 전문가들마다 다르다. 많은 전문가들이 이야기책을 사용하는 것을 추천한다. 또 어떤 이들은 환상과 동화를 활용하라고 권한다. 나는 저명한 심리학자이자 작가인 브루노 베텔하임Bruno Bettelheim이 그의 책 ≪마법의 활용≫에서 동화의 역할에 대해 쓴 것을 읽고 매료되었다. "동화는 존재적 근심과 딜레마를 매우 직접적이고 심도 있게 다룹니다. 즉 사랑받을 필요, 누군가가 무가치하다는 두려움, 삶에 대한 애정과 죽음의 공포와 같은 것들을 다루고 있습니다. 동화는 아이들이 이해할 만한 수준의 방법으로 해결책을 제공해 줍니다."

자녀에게 들려줄 수 있는 가장 좋은 동화는 부모의 창작물이다. 이야기 지어내기에 한번 도전해 보아라. 실제로 아주 재미있을 수 있다. 거기에 상실(잊혀짐), 구조(발견됨), 그리고 구원(가치 있어짐)이라는 주제를 포함하라. 아이가 동화 속의 주인공이 되어 상상의 나래를 펼칠 수 있도록 돕는 것이 바로 부모가 할 일이다.

아이는 인생의 다른 여러 시기마다, 네댓 살 무렵 자신을 구원해 주었던 마음속의 동화의 나라로 되돌아갈 것이다. 적절한 동화는 앞으로 수년 동안 아이를 깊이 치유하는 효과가 있다. 하지만 동화가 아이의 실제 입양 이야기로 대체되어서는 안 된다. 상상으로 만들어진 이야기는 아이가 자신의 입양 상실에 관한 민감한 느낌이나 신념에 접촉할 수 있게 도와주는 단순한 도구일 뿐이다.

아이에게 귀 기울여라

아이와 동화를 함께 읽은 후 아이의 놀이를 세심하게 관찰하는 것이 필요하다. 왜냐하면 입양에 대한 아이의 실제적인 신념이 무엇인지 알아볼 수 있기 때문이다. 아이가 자신의 실제 입양 이야기를 구연할 때, 그 경험을 유희로 재연하도록 이끌 수 있다. 아이가 예기치 않게 불쑥 자신의 생각을 말할 수도 있다.

한 입양모가 운전하던 중, 딸이 생모에 대해 난처한 질문을 했던 것을 나에게 들려주었다. "아이가 '내 생모의 이름이 뭔지 알아요?'라고 불쑥 물었을 때, 나는 꽉 막힌 교차로에서 좌회전하려던 참이었어요."

그 엄마는 가능한 한 침착하게 아이에게 대답했다. "좋은 질문이구나. 집에 가서 그것에 대해 이야기해 보자꾸나."

집에 도착해서 엄마는 딸과 특별한 시간을 보내며 입양 서류를 꺼내었다. 그녀가 기관으로부터 받은 서류에는 생부모의 이름이 적혀 있지 않았다. 그러나 생부모의 당시 나이와 직업이 기록되어 있었기에 그녀의 딸은 그것으로 충분히 위로와 안정감을 느낄 수 있었다.

그러나 어떤 경우에는 자신의 실제 입양 배경 이야기를 듣고 싶은 아이의 욕구가 채워지지 않을 수 있다. 그럴 때는 아이가 입양을 자신의 것으로 확실히 느끼고 인식할 때까지 아이에게 입양 스토리를 반복적으로 들려줄 필요가 있다. 아이는 그것을 들을 때마다, 부모가 자기를 깊이 사랑하고 있다는 자각이 커지게 된다. "넌 우리에게 속해 있단다."라는 메시지가 자신의 영혼에 울려 퍼지기 때문이다.

아이와 함께 입양 이야기를 반복하여 말하는 동안 치유가 진행되므로, 이를 흔쾌히 여는 것이 좋겠다. 반복해서 이야기하는 동안, 아이는 질문을 떠올리고 고통스러운 감정과 접촉하며, 필수적인 애도의 과정 속으로 한 걸음 더 나아가게 될 것이다.

부모가 할 수 있는 것

구원의 이야기를 말하는 것과 별개로, 당신은 아이의 현실을 인정해 주어야 하며 여러 가지 방법을 통해, 아이가 애도하고 치유되도록 도와야 한다.

신생아를 충분히 안아 주기

애착 전문가이며 오하이오 주의 애착과 유대 센터의 설립자인 그레고리 C. 켁Gregory C. Keck 박사는 ≪보석 중의 보석: 입양 뉴스≫에 기고한 기사에서 이렇게 말했다. "만일 입양 부모가 애착 문제에 대해 교육을 받아, 입양한 첫 달 내내 아기를 계속 품에 안고 내려놓지 않는다면 결과는 완전히 달라질 수 있습니다."

부모로서 당신은 아기의 상실을 매우 민감하게 느낄 것이고, 아기를 부드러운 손길로 자주 안아주어야 한다는 것을 본능적으로 알고 있을 것이다.

신생아에게 수유하기

애착 발달을 수월하게 하는 또 다른 방법은 입양 엄마가 입양된 신생아에게 직접 수유하는 것이다. 오하이오 주 콜럼버스 출신의 상담가인 잰 해리스Jan Harris가 그랬다. ≪보석 중의 보석: 입양 뉴스≫에 기고한 글에서 그녀는 이렇게 말했다. "나는 내 아기에게 직접 수유하기로 했어요. 나는 수유를 돕는 기구를 이용해 입양한 아기들을 성공적으로 수유한 240명의 엄마들에 관한 연구를 알게 되었어요. 젖이 나오지 않더라도 분유를 비닐 백에 담아 작은 관을 유두 쪽으로 연결해서 아기를 가슴에 안고 먹여요. 종종 진짜 모유가 나오기도 해요."

"우리 아기는 젖병으로 먹는 것보다 직접 수유를 더 좋아해요. 나는 그 친밀감이 누군가가 항상 자신을 환영하고, 안아 주고, 달래 주며, 사랑해 줄 거라는 느낌이 되어 딸아이의 슬픔과 상실을 다루도록 돕는다고 믿어요."

슬링형 아기띠 사용하기

잰 해리스Jan Harris는 또한 슬링 같은 아기띠를 사용하라고 권한다. "처음부터, 슬링을 사용해서 내 딸을 안고 다녔어요. 슬링은 여러 가지 방법으로 사용할 수 있어요. 아기의 머리를 심장 가까이에 두는 요람 스타일로, 딸이 나의 심장 소리를 듣고 나를 잘 알게 되도록 슬링으로 안아주었어요."

코니 도슨Conny Dawson 박사는 아기가 당신의 "신체 일부로 느껴질 만큼" 많이 안아 주기를 권한다.

'애도 상자' 만들기

학령기 아이들이 효과적으로 애도하는 실제적인 방법은 함께 '애도 상자'를 만드는 것이다. 어떤 상자라도 괜찮다. 아주 의미 있고 대단한 상자여도 좋고 혹은 그냥 근처의 상점에서 구입한 것도 괜찮다. 단, 여러 가지 물건들을 넣을 수 있을 만큼 충분히 커야 한다. 그 상자는 아이의 인생을 상징한다. 그런 다음, 아이가 자신의 인생에서 잃어버린 것들을 적은 상실 목록을 만들도록 하라. 이 작업은 대개 부모가 도와주어야 한다. 우리가 애도의 두 번째 과제에서 다룬 것 같이 이 작업은 아이가 상실의 고통과 접촉하도록 해 준다.

아이가 인생에서 상실한 것들의 예는 다음과 같다.

- 태아기의 상실 (약물 중독인 생모/강간에 의한 임신 등)
- 생모의 상실
- 생부의 상실
- 가족 병력의 상실
- 출생 가족의 역사의 상실
- 소속감의 상실
- 연속적인 인생 이야기의 상실

'애도 상자'를 준비하는 다음 단계는 각각의 상실에 해당하는 상징물들을 모으거나 구입하는 것이다. 아이가 가능한 많이 모을 수 있도록 격려하고 아이가 구할 수 없는 것들은 부모가 제공하면 된다. 예를 들면,

- 생모의 상실은 어머니와 아이가 나온 잡지 사진으로
- 생부의 상실은 아버지와 아이가 나온 잡지 사진으로
- 가족 병력의 상실은 반창고로
- 출생 가족의 역사의 상실은 빈 가계도로
- 소속감의 상실은 슬퍼 보이는 사람의 잡지 사진으로
- 연속적인 인생 이야기의 상실은 끊어진 끈으로

이러한 물건들을 모으고 나면, 아이가 그것에 대해 말하도록 하라. "그건 정말로 마음 아픈 게 맞아."라든가 "그것이 어떤 느낌일지 상상도 못하겠구나." 또는 "계속하렴. 분노를 다 드러내도 좋아."와 같은 말을 덧붙이며, 아이가 감정적으로 애도의 작업을 할 수 있도록 격려하라.

아이가 애도의 과정을 당신과 함께하고 싶어 하지 않을 경우도 대비해야 한다. 한 입양 엄마는 자신의 열세 살 된 딸이 엄마가 상처받는 것을 원하지 않기 때문에 애도의 작업을 상담사와 함께하기 원했다고 말했다.

눈물을 다 쏟고 감정적인 작업들이 모두 끝나고 나면, 아이가 슬픔 상자를 다시 필요로 할 때까지 그것을 특별한 장소에 넣어 두면 된다.

'라이프북' 만들기

입양인이 애도할 수 있게 돕는 또 다른 방법은 '라이프북'을 만들도록 격려하는 것이다. 한 입양인은 크게 확대된 자기 사진 한 장을 가지고 그것을

퍼즐로 만들었다. 그녀는 자기의 '라이프북' 표지에 한 조각의 퍼즐을 빠뜨린 채 퍼즐 조각을 붙여 두어, 그녀의 삶에 여전히 잃어버린 조각이 있다는 것을 상징적으로 표현했다. 그리고는 '라이프북'에 자신의 이야기를 정성스레 써내려 갔다. 이때 아이는 자신의 이야기를 말해 주는 사진이나 그림, 상징물 등과 같은 것도 사용할 수 있다.

편지 쓰기

생부모에게 편지를 쓰는 것도 아이가 입양 상실과 접촉하는 데 도움이 된다. 아이는 오랜 시간에 걸쳐 여러 장의 편지를 쓰거나, 그 편지들로 정성껏 스크랩북을 만들고 싶어 할 수 있다.

다음은 개방 입양과 비공개 입양을 통해 입양된 아이들의 편지이다. 아이들의 시각 차이가 대조되는 점이 흥미롭다. 표시가 없는 예들은 비공개 또는 반공개 입양의 경우이다.

> 낳아 주신 엄마께,
>
> 왜 저를 기르지 않았나요? 나를 좋아하지 않기 때문인가요? 스티븐 (만 4세)

> 낳아 주신 엄마께,
>
> 이름이 뭐예요? 그리고 어떻게 생겼나요? 멀리사 (만 5세)

> 낳아 주신 엄마께 (개방 입양),
>
> 나의 엄마가 되었더라면 좋았을 거예요. 나의 엄마가 되지 못한 것이 슬프지만 나를 위해 최선의 선택을 했다는 걸 알아요. 폴 (만 7세)

낳아 주신 엄마께,

엄마의 모든 것을 알았으면 좋겠어요. 하지만 알 수 없기 때문에 나의 (입양) 엄마에게 정말 화가 나요. 엄마한테 무슨 문제가 있나요? 그래서 엄마를 만날 수 없는 건가요? 나한테 무슨 문제가 있어서 그런가요? 에이미 (만 10세)

낳아 주신 엄마께 (개방 입양),

난 더 이상 낳아 주신 엄마 때문에 슬프지 않아요. 나는 시애틀이 좋아요. 나는 학교, 친구들, 그리고 내 삶이 좋아요. 데이빗 (만 11세)

낳아 주신 엄마께 (개방 입양),

부모님이 아이에게 출생 가족에 대해 이야기하지 않는 것은 끔찍한 일이라고 생각해요. 나는 거짓말과 비밀을 좋아하지 않아요. 만약 부모님이 처음부터 낳아 주신 엄마에 대해 알 수 있게 해 주지 않았다면 부모님을 증오했을 거예요. 짐 (만 13세)

낳아 주신 엄마께,

난 언젠가 엄마를 만나고 싶어요. 내가 18세가 되면 만날 수 있을 거예요. 엄마도 나를 만나고 싶은가요? 그러길 바랄게요. 로리 (만 13세)

생모께 (개방 입양),

입양에 대해 이야기하는 게 지겨워요. 브래드 (만 17세)

다른 입양인들과 교류하기

입양인들은 서로의 이야기를 들을 필요가 있다. 이를 통해 인정받는다고 느낄 수 있기 때문이다. 입양인들 사이에는 서로를 강하게 만들어 주는 끈끈한 유대감이 존재한다.

지역의 입양 부모 모임은 입양 부모에게는 지지 모임이 되고, 아이들에게는 동시에 지도 감독이 가능한 놀이 시간이 된다. 거기에서, 아이들이 느끼는 '다름'이나 '특별함'의 감정이 중화되고, 아이들은 온전한 자기가 되는 자유를 만끽하게 된다.

아이의 강점 상기시키기

입양 아동들에게는 자주 그들의 강점, 능력, 그리고 고유의 가치를 상기시켜 주어야 한다. 이렇게 해야 아이들이 입양 상실로 인해 느끼게 되는 깊은 무력감을 통제할 힘을 얻게 된다.

부모에게는 강점을 보여 주는 거울을 들고서 아이의 강점을 끊임없이 비춰 줄 기회가 있으니, 이러한 기회들을 적극적으로 찾으라.

이제 아이가 애도의 과정들을 거치도록 돕는 몇 가지 구체적인 방법들을 배웠다. 그러나 아이가 당신과 공유하고 싶어 하지 않을 수 있는 또 하나의 신념이 여전히 남아 있다. 다음 장에서 이를 다루겠다.

8장

"내가 출생 가족에 대해 말하지 않는다고 해서 그들을 생각하지 않는 건 아니에요."

아이들은 자기의 부모에게 환멸을 느낄 때 좀 더 괜찮은 부모를 은밀히 그려 본다. 프로이트는 이것을 '가족 로맨스'라고 칭했다. 비입양 아동의 경우, 나중에 자신의 부모가 장단점을 모두 가지고 있는 존재라는 사실을 깨닫고 받아들이게 되면, 그 환상은 사라진다.

그러나 입양 아동에겐 이것이 그렇게 단순하지 않다. 입양인은 어딘가에 다른 한 쌍의 부모를 **실제로** 가지고 있기 때문이다. 입양인의 환상은 그들이 입양되었다는 사실을 들었을 때부터 시작되는데, 이러한 환상에는 장단점이 있다.

부모는 아이의 이러한 환상을 눈치채지 못할 수 있으며, 모든 입양 아동이 이러한 환상을 가지는 것은 아니다. 그러나 입양 전문가 브로진스키 박사와 섹터 박사가 ≪입양됨: 평생에 걸친 자아 찾기≫에서 다음과 같이 한 말은 주목할 만하다. "우리가 경험한 바로는 모든 입양인은 탐색 작업을 합니다. 그것은 일반적인 탐색이 아닌 의미심장한 탐색입니다. 이는 아이가 처음으로 '왜 이런 일이 벌어진 거죠? 그분들은 누구에요? 지금 어디에 있어요?'라고 물을 때 시작됩니다."

어느 날 내가 두 살짜리 쌍둥이 손자들을 돌보다가 문득 이 개념을 깨닫게 되었다. 내가 아이들을 돌볼 때마다, 아이들은 자주 자신들의 확대 가정 내의 모든 사람들의 이름을 끄집어내곤 했다. 아이들의 마음은 주로 그들을 사랑해 주는 사람들에게 향했다. 아이들은 마치 "그들은 지금 어디 있어요? 뭐하고 있죠?"라고 말하듯이 "옴마? 빠빠? 하부지? 함미? 땀촌?" 하고 물었다. 내 손자들은 그들의 양가의 확대 가족을 아무렇지도 않게 섞었다. 좋아하고 싫어하는 구별이 없이 그들에게는 그저 자기들을 사랑해 주는 사람들과 자신들이 사랑하는 사람들만 있을 뿐이었다.

입양 아동도 마찬가지로 마음속 깊숙이 어딘가에 이런 질문들이 있다. "날 낳아 주신 엄마는 지금 어디 있는 거죠? 낳아 주신 아버지는 어디 있나요? 그분들이 지금 어떻게 지내고 계신지 궁금해요."

입양인의 세계에는 '우리와 그들'이라는 사고방식이 없다는 것을 꼭 기억하기 바란다. 인정하든 안 하든, 생부모들은 이제까지 그래왔듯이 앞으로도 입양인의 세계에 한 부분으로 존재할 것이다. 오히려 어른인 우리가 아이들과 관련된 문제에서 생부모와 경쟁하며 아이를 독점하려는 소유욕의 장벽을 세워서 '우리와 그들'을 구분한다. 나는 이것이 비공개 입양이나 반공개 입양 부모들에게는 어려운 사실임을 알고 있다. 이로 인해 출생 가족에 대한 말문을 열기가 두렵다는 것을 당신도 알 것이다. 그러나 당신이 자녀의 숨겨진 세계와 소통하려면 이것은 필수적이다.

환 상 의 정 의

입양 환상이란 도대체 무엇인가? 환상과 동의어인 것을 살펴보자.

- 상상
- 독창성
- 창의성
- 이미지
- 구상
- 백일몽
- 착각
- 그림자
- 뇌리에서 떠나지 않는 두려움
- 악몽

입양과 관련된 환상이 나쁜 것은 아니다. 그것은 입양인들이 입양의 고통스런 상실을 덜기 위해 그들의 마음속에서 만들어내는 단순한 꿈들이다. 환상이 없다면 고통과 슬픔의 짐은 너무나 크고 무거울 터이기에 입양인이 환상을 갖는다고 해서 스스로를 비난할 필요는 없다. 환상은 여러 방면에서 입양인이 생존하게끔 도와주는 선물과도 같다.

칼 융Carl Jung은 환상은 무의식의 자연스러운 표현이라고 했다. 입양인의 환상은 친권을 포기당한 고통에 대처하는 방법이며, 깨어진 삶에 대한 서술이라고 할 수 있다. 만약 입양인이 환상을 통해 삶의 잃어버린 조각들을 채울 수 있다면, 고통을 덜 수 있을 것이다.

내 손자들은 그들에게 위안을 주는 특별한 담요를 가지고 있다. 그 아이들은 가는 곳마다 그것을 가지고 다니고, 화가 났을 때도 담요를 찾는다. 그들은 담요를 가까이 두고 '엄마의 대체물'이 있다는 것에 위안을 느낀다. 입양인에게 환상은 그 담요과 같은 것이다.

훌륭한 저자인 베티 진 리프톤Betty Jean Lifton은 ≪입양인의 자아탐색≫이라는 책에서 "환상은 엄마의 대체물입니다. 즉, 엄마가 제공하지 못하는 위안 지대인 것입니다. 환상은 원숭이 실험에서 진짜 엄마가 사라진 후 주어진 대리 헝겊 인형의 기능을 합니다."라고 서술했다.

상담 치료사인 낸시 애릭 하프Nancy Arick Harp는 어떤 욕구들은 환상을 촉발시키며 그 특정한 환상은 대중 문화를 반영하는 것으로 보인다고 했다. 아빠가 일하러 나갔다고 상상하는 손자들을 살펴보니, 그 환상의 저변에는 아빠가 세상 밖으로 나간 동안에도 아빠와 계속 함께 있고 싶은 욕구가 있었다. 만일 주목받고 싶은 욕구가 있는 아이라면, 그는 아마 스파이더맨이 되는 환상을 꿈꿀 것이다. 초인적 권한을 갖고 싶은 아이라면, 슈퍼맨이나 원더우먼이 되는 환상을 갖게 될 것이다(슈퍼맨도 입양인이긴 하다).

환상은 어떻게 드러나는가

아이의 환상은 아이들의 놀이와 말과 추측 속에 담겨 있는데 부모가 그것을 관찰하다 보면 깜짝 놀랄 수도 있다. ≪어린 자녀와 입양 말하기≫라는 왓킨스와 피셔의 통찰력 넘치는 책을 살펴보자.

- 세 살짜리 아이가 자신의 생일잔치에 생부모와 입양 부모가 모두 함께하길 기대했다.
- 어떤 다섯 살짜리 아이는 자신과 입양 부모가 그녀의 출생 가족과 함께 매년 여름을 함께 보내는 상상을 했다.
- 네 살짜리 아이는 현실에서는 한 번도 만나본 적 없지만 환상 속에 있는 자기의 엘살바도르인 할아버지를 그렸다.
- 다섯 살 아이는 "뒷마당에 낳아 준 엄마를 위한 텐트를 쳐도 되나요?"라고 물었다.
- 어떤 아이는 어린이집에서 자기가 아기였을 때 엄마 젖을 먹었다고 발표했다. 또한 친구들에게 자기가 경험해 보지도 않은 수유에 대해 설명을 해 주었다.
- 어떤 아이는 자신이 입양된 날을 재연하며, 엄마에게 실수로 다른 아이를 골라서 집에 데리고 오는 척을 해 달라고 했다. 그러면 아이는 명랑한 태도로 엄마의 잘못을 지적하며, 원래 데려올 아이는 바로 자기라고 말했다.

만약 평범한 성인 입양인에게 이제까지 잃어버린 출생 가족에 대한 환상을 적극적으로 경험한 적이 있는지를 묻는다면, 아니라고 답할 것이다. 그러나 이러한 환상이 보통 어떻게 드러나는지를 예를 들어 보여 주면, 입양인들은 인정할 것이다. 다음은 일반적으로 보이는 양상이다.

익숙한 얼굴을 찾음

입양인은 종종 군중 속에서 자신과 닮은 얼굴을 찾곤 한다. 입양인은 자신이 잃어버려 만날 수 없는 소중한 이를 만나 볼 수만 있다면, 입양의 상처는 마법처럼 사라지고 입양으로 인해 일생 동안 영향을 받는 것도 눈 녹듯이 사라져 슬픔이 해결될 것이라고 무의식적으로 믿고 있다.

어떤 집을 방문한 한 십 대 입양인은 사진 속에 있는 그 집 친척의 얼굴이 자신과 닮은 것을 보고, 그 사람이 자신의 생모가 아닐까 궁금해했다.

한 성인 입양인은 "내 마음의 사진 속에 한 사람의 얼굴을 더할 수 있기를 바라요."라고 했다. 또 다른 입양인은 "나와 닮은 누군가를 보면 정말 기뻐요."라고 말했다.

나는 최근에 비행기를 타고 갈 일이 있었는데, 그때 기품 있는 노신사 분 옆에 앉게 되었다. 나는 그를 보자마자 '혹시 저분이 내 생부가 아닐까?' 하는 생각이 들기도 했다.

다음은 에이미 밴 더 블릿Amy van der Vliet이라는 입양인이 쓴 〈그리운 얼굴〉이라는 시이다.

> 나의 질문에 대한 답을 찾기 위해 백만 번을 훑어본,
> 신상 정보도 없는 문서는 내게 말한다.
> 그들의 취미는 독서, 골프, 그리고 수상 스키였다고.
> 취미의 역설, 나의 취미도 그들과 같다.
> 태양에 흠뻑 젖은 오후 한 호숫가에서
> 빛나는 갑옷을 입은 나의 기사와 더불어,
> 군중 속 내가 찾던 얼굴을 가진 그 여인과
> 이 중 한 가지라도 함께할 수만 있다면
> 이 어찌 아름답지 않겠는가?

안기기를 갈망함

우리의 지지 모임에 있는 성인 입양인들이 자신의 가장 은밀한 환상에 대해 표현한 적이 있는데, 그것은 자신의 생모의 팔에 안기는 것이었다. 특히 남성 입양인들이 이러한 환상을 가졌다. 한 입양인은 "얼마나 좋은 느낌일지 상상조차 못하겠어요."라고 말했다.

완벽한 가족에 대한 꿈

대학 신입생인 앤드루 칠스트롬Andrew Chilstrom은 요절하기 직전에 완벽한 가족에 대한 시를 남겼다.

〈집〉

나는 하얀 울타리로 둘러 쌓인,

이따금씩 기름칠을 해 줘야 할

문이 있는 아담한 집을 원합니다.

나는 너른 마당 그늘에 뉘인 해먹과,

나비를 쫓는 개를 원합니다.

나는 사랑스러운 미소를 띠고

'엄마'라고 쓰여진 앞치마를 한,

다정한 아내를 원합니다.

그러나 무엇보다도 나는 하나님 당신께서

내 집에 거하시길 원합니다.

나의 아내와 자녀들,

그늘에 뉘인 나의 해먹과,

나비를 쫓는 나의 개를 보살피시면서요.

≪앤드루, 너무 빨리 가버린 너≫

코린 칠스트롬Corinne Chilstrom

성인 입양인들은 자신의 어릴 적 환상들을 되돌아보며 다음과 같이 말했다.

- 나는 항상 이상적인 가족을 지향하는 TV 프로그램을 좋아했다. 사실 나는 그런 프로그램에 집착했다.
- 나는 내 상상 속에서 만들어진 다정하고 배려심 많은 부모님을 찾고 있었다.
- 나는 내 생모에 대해 상상했다. 그녀는 벽돌집에서 살았다. 하지만 얼굴은 없었다.

건강한 환상은 입양인들이 잠시나마 근본적인 고통에 대처할 수 있도록 도와준다. 이런 의미에서 환상은 상처받기 쉬운 심리 상태에 도움을 주는 방어 기제가 될 수 있다. 하지만 환상이 입양인을 고립시키며 상실과 애도라는 가장 깊은 주제를 다루지 않고 외면하게 만든다면, 그것은 병적이고 파괴적인 것이 된다. 입양인이 절대로 일어나지 않을 일을 속으로 상상하고 있다면, 아래와 같은 태도와 행동을 보이기 쉽다.

부모님을 대신할 대상 찾기

돌이켜 보면, 나는 나만의 또렷한 입양 환상들을 가지고 있었다. 후회스럽지만 그 환상들 중 대부분은 나의 입양 엄마를 향하고 있었다. 나는 항상 엄마를 대신할 누군가를 찾고 있었다. 나의 엄마가 좋은 엄마가 되기 위해 최선을 다하지 않았다는 의미는 아니다. 나도 모르게 엄마를 그런 식으로 바라본 것이다. 다만 내가 입양의 역동에 대해 연구하기 시작하고 나서야 무엇이 문제였는지 이해하게 됐다.

낸시 베리어Nancy Verrier의 ≪원초적 상처: 입양 아동의 이해≫에는 다음과 같은 설명이 있다. "입양모와의 관계에서 혼란스러움을 자주 느끼는 입양인들은 아기를 유기한 주체가 여성이라고 봅니다."

베리어는 이어서 베티 진 리프톤Betty Jean Lifton과 나눴던 대화를 전한다. "베티는 '입양 엄마와 유대감을 느끼는 것이 어려운 이유는 신뢰의 문제가 아닌 첫 번째 엄마, 즉 생모에 대한 충성심에 관한 문제이기 때문입니다.'라고 말했습니다."

모든 입양 부모들은 위에 소개된 입양의 역동에 관하여 반드시 알고 있어야 한다. 이는 당신이 아이의 행동을 보고 충격을 받지 않기 위함이다. 오히려 당신은 아이가 무엇과 씨름하는지 알게 되어, 아이의 행동을 거절로 받아들이지 않으면서도 효과적인 방법으로 아이에게 다가가게 된다.

십 대였을 때, 나는 다른 친구의 엄마가 나를 이해해 주고 지도해 주는 데 마음이 끌렸다. 후에 성인이 되었을 때에는 내가 출생 시에 잃어버린 엄마를 찾고 있는 중이라는 사실을 깨닫지 못한 채 여성 멘토들을 선택했다. 나는 환상이 영구적인 상실의 대체물이라는 것을 모르고 있었다.

나는 생부에 대한 환상도 가지고 있었다. 나는 그를 빛나는 갑옷을 입은 기사로 상상했다. 이것은 일상 속에서 중요한 다른 남성에게 전이되었다. 내가 남편을 만났을 때, 나는 그가 결코 잘못을 저지르지 않을 것이며 나의 모든 요구를 들어줄 것이라 믿으며 남편을 이상화했다.

생모와 생부에 관한 나의 환상들이 나의 정서와 인간 관계가 건강하게 형성되는 데 큰 걸림돌이 되었음은 말할 필요도 없다.

타인을 이상화시킴

나는 멘토를 찾는 것뿐만 아니라 그들을 이상화했다. 그들을 깊이 존경하면서, 인간이 도저히 성취할 수 없는 높은 수준의 기대치를 가지고 있었다

로버트 앤더슨Robert Anderson 박사는 그의 자서전, ≪두 번째 선택: 입양인으로 자라기≫에서 "나는 생모를 지상으로 끌어내리는 것이 힘들었습니다. 나는 생모를 사랑하는 동시에 미워했습니다. 그분은 항상 구름 위에서 살고 있었습니다."라고 말했다.

입양인들이 타인을 계속 이상화한다면, 그들은 '엄마 아빠를 비롯한 모든 사람이 완벽하지 못하다'는 사실을 배울 수 없다. 생부모와 입양 부모 누구도 완벽하지 않음을 인식하고, 그들을 평범한 인간으로 받아들이는 것은 성인으로 성장하는 데 필수적인 과정이다. 만약 입양인이 이러한 중요한 단계를 거치지 않는다면, 유년기에 고착될 수 있다.

비판적인 태도

깊이 존경했던 대상이 나의 기대 수준에 미치지 못하면, 나는 매우 실망했다. 누군가 나의 기대치에 도달하지 못할 때마다, 나는 몹시 비판적으로 되었다. 나를 포함한 어느 누구도 내가 정해 놓은 기준에 부응할 수 없었

다. 결국 이러한 양상은 나의 인생 대부분의 관계로 전이되었다. 결혼에 실패한 한 남성 입양인은 이러한 관계의 양상이 이혼의 원인 중 하나였다고 고백했다.

자신에 대한 높은 기대

많은 입양인들은 무의식적으로 그들 자신이 '특별하다'거나 '특별해야 한다'는 믿음을 가지고 있기 때문에 자신에 대한 기준이 매우 높다.

폭스TV 진행자이자 베스트셀러 ≪한 남자와 그의 어머니: 입양된 아들이 찾는 것≫의 저자인 팀 그린[Tim Green]은 자신이 유치원에 다니던 때의 이야기를 들려주었다. "나의 행위에 점수를 매기는 성적표 하나만 있으면 됐습니다. 신발 끈을 잘 매면 A, 예의 있게 굴면 또 A, 학급 친구들을 배려하면 만점. 그 성적표를 A로 채우면 선생님은 내가 좋은 아이라고 말했습니다. 부모님는 나를 자랑스러워하셨으며, 조부모님들은 장하다며 칭찬해 주셨습니다. 삼촌과 이모도 잘했다고 인정해 주었습니다."

그린은 이런 식으로 자신을 몰아가는 데 대한 대가를 치렀다고 말한다. "겨우 여덟 살의 나이에, 나는 정신 장애가 있는 성인에게나 어울릴 만한 끔찍한 악몽과 불면증에 시달렸습니다."

권위자를 두려워함

권위자를 두려워하는 것은 자녀가 원래 모습보다 더 나은 사람이 되기를 바라는 입양 부모 기대에 대한 입양인의 잠재 의식 반응일 수 있다. 이는 부모의 기대에 부응하지 못하리라는 두려움의 반영이다.

우리 지지 모임의 한 성인 입양인은 "나는 입양되었기 때문에 부모님의 기대에 절대로 부응할 수 없을 거라고 생각했어요."라고 말했다.

흔히 입양 부모들은 이러한 사실을 깨닫지 못한 채, 이미 아이 인생의 청사진을 가지고 있다. "내 아이도 나처럼 선생님이 될 수 있겠지."라고 생각하거나, 대학 진학에 관심도 없는 아이에게 "너는 어느 대학에 가고 싶니?"라고 묻는 식으로 말이다.

부정적인 이미지

이상화의 정반대 편에는 때로 악몽 같은 부정적인 환상이 있다. 생모를 아름다운 공주로 상상하지 않고, 부랑자나 사악한 마녀로 그릴 수 있다.

환상이 군림하는 빈 공간을 아이가 생부모에 대한 솔직하고 애정이 담긴 치유적인 생각으로 채울 수 있도록, 아이가 생부모에 대해 어떤 종류의 환상을 가지고 있는지 입양 부모가 파악하는 것은 중요하다. 그러면 환상이 지배하는 마음속을 순수하며 애정 어린, 치유적인 생각들로 채워 나갈 수 있을 것이다.

부모가 할 수 있는 것

지금까지 우리는 환상을 상세히 살펴보았다. 이제 아이가 환상을 벗어나 온전함과 성숙함에 이르도록 부모가 도울 수 있는 것에 대해 알아보자.

아이의 공상을 주의하라

자녀가 마치 다른 세상에 있는 것처럼 정서적인 거리감을 느낄 때 주의하

라. 아이의 몸짓 언어를 읽는 법을 배워라. 아이가 자기 속으로 들어가거나 '얼이 빠져' 있을 때에, 무슨 생각을 하고 있는지 다정하게 물어보라. 당신과 함께하는 특별 '데이트'에서, 아이는 자신의 모든 생각을 한결 쉽게 당신에게 털어놓을 수 있을 것이다. 계속 대화를 나눌 수 있도록 아이를 독려하라.

면밀히 질문하라

아이와 일대일로 만날 때마다 "혹시 뭐 부탁할거 없니?"하고 물으며, 면밀히 질문할 수 있는 기회로 삼아라.

이것은 상담 치료사에게도 훌륭한 질문이 된다. 리는 상담 치료를 받은 지 8년이 지나서야 그녀의 상담사가 이와 같은 질문을 했다고 한다. 그녀는 즉시 자신의 대답을 알았지만 답하기를 망설였다. 결국 그녀는 용기 내어 상담사에게 말했다. "나를 안아 주세요."

상담사가 기꺼이 안아 주자, 리는 걷잡을 수 없을 정도로 흐느껴 울었다. 그녀는 마음 깊이 있던 엄마에 대한 환상을 상담사에게 전이시켰고, 상담사는 그녀를 위로하며 달래 주었다. 그 결과 리의 신체는 완전히 이완되고 편안해졌다. 그녀는 자신의 심장이 뛰는 소리를 들을 수 있었고, '안전하게' 위로받았다. 말할 필요도 없이 이를 통해 깊은 치유를 경험했다.

이 사례는 부모인 당신이 아이와 함께 그 환상의 장소로 들어가서, 환상 뒤에 있는 아이의 정당한 필요를 채워 줄 수 있음을 암시하고 있다. 아이의 마음속 깊이 들어가서 함께 놀아라. 아이와 함께 레고로 마을을 만들고 사람들을 채워라. 아이의 놀이를 관찰하며, 아이가 환상 속의 인물들을 어떤 말로 표현하는지 살펴라. 아이가 "여기 그룬디 할아버지가 있어요. 그는 아기 친구를 만나러 갈 거예요." 라고 말한다면 아이에게 질문을 해보자. "할

아버지와 아기 친구는 함께 무엇을 하려고 하니? 아기 친구가 무엇을 하고 싶을 것 같아?" 그러면 아이는 당신을 자신의 환상의 세계로 데려갈 것이다.

나는 나의 딸이 쌍둥이 아들을 기르는 것을 보면서 효과적으로 양육하는 법을 많이 배웠다. 그녀는 항상 아이들과 같이 밑바닥으로 내려가서—그들의 수준으로—아이의 세계로 들어가기 위해 상상력을 충분히 발휘한다. 그녀는 입술에 엔진이라도 단 듯이 연신 소리를 내며 덤프트럭을 움직인다. 아이들이 집을 나가는 체하며 "곧 돌아올게요."라고 말하면, 그녀는 그들이 어디로 갈 건지 묻는다. 아들의 수준에 맞는 질문을 해서, 아이들의 마음속에 생각이 어떻게 돌아가는지에 관한 중요한 정보들을 모으는 것이다.

이제 당신은 입양 자녀의 환상 속에 있는 삶과 출생 가족에 대한 아이의 비밀스런 생각들을 더욱 잘 알게 되었다. 출생 가족에 대한 대화를 아이와 함께 구체적으로 나눌 수 있도록 부모가 먼저 말문을 여는 것이 매우 중요하다. 이에 대한 내용은 다음 장에서 다루도록 하겠다.

9장

"출생 가족에 관한 대화를 부모님이 먼저 시작해 주세요."

동물원에 있는 거북을 떠올려 보자. 크고 울퉁불퉁한 껍질 안에서 밝은 빛을 거의 보지 못하는 거북은 겨우 몇 걸음 뒤뚱거려서야 자기가 가려는 목적지에 그나마 가까워질 수 있다.

미안한 이야기지만, 많은 입양인들이 꼭 거북 같다. 입양인은 과거에 대한 질문이나 느낌을 표현하고 싶을 때, 그것을 해도 괜찮은지 확인하기 위해 조심스레 고개를 내민다. '내 출생 기록을 보기 위해 태어난 병원을 물어봐도 괜찮을까?', '내 생모와 생부의 개인 신상 외에 다른 정보를 물어봐도 괜찮을까?', '생부모를 궁금해하고 있고, 언젠가 그들을 만나고 싶다는 것을 말해도 될까?', '생모가 나를 포기한 결정에 대해 화를 내도 괜찮을까?', '나의 출생 가족을 찾아 나서도 되나?', '혹시 생모가 나를 만나길 거부한다면 다른 친척들을 찾아보는 건 어떨까?'

이런 물음들은 많은 입양인들의 뇌리 속에서 떠나지 않는 질문들 중 일부일 뿐이다. 이 책의 1장에서 어머니가 지나가는 말로 생모에 대하여 언급하는 것을 듣고 난 후, 소심하게 "그 얘기 해도 괜찮은 거예요?"라고 물었다던 어느 어린 입양인의 이야기를 기억해 보자. 그것은 입양인이 마치 거북과 같아 보이는 좋은 예이다. 이 어린 입양인은 환경적으로 많은 이점을 가졌음에도 망설임과 두려움은 여전했다.

왜 그럴까? 왜 대부분의 입양인들은 출생 가족에 대해 말해도 된다는 것이 그렇게도 믿기 어려운 걸까? 왜 그들은 더 알고자 하는 일에 대하여 망설이고, 두려움 속에 경직되며, 궁금해하면서도 동시에 반대의 감정을 갖는 것일까?

입양인들이 망설이는 주요한 이유는 자신들을 피해자, 즉 주장할 권리가 없는 사람으로 여기기 때문이다. 수전 피셔Susan Fisher 박사와 메리 왓킨스Mary Watkins 박사의 저서 ≪어린 자녀와 입양 말하기≫에 나와 있는 다음의 말과 행동들을 살펴보자.

- 세 살짜리 아이가 있다. 자기가 젖먹이 아기 돼지가 되어 역할놀이를 하고 있다. 아기 돼지는 입양 엄마를 시켜 자기가 입양 엄마 집에 살아도 되냐고 엄마(생모) 돼지에게 물어보라고 한다. 엄마(생모) 돼지는 '된다'고 말한다. 아기 돼지가 입양 엄마의 집에 들어갔을 때, 아이는 입양 엄마에게 아기 돼지를 때리라고 시킨다. 아이는 엄마(생모) 돼지에게 다시 달려가고 엄마 돼지는 아이를 보호해 준다.
- 여섯 살 아이가 묻는다. "낳아 준 엄마는 날 봤을 때 뭐라고 얘기했어요? 나한테 뽀뽀해 줬어요? (입양) 엄마가 우리 엄마니까 엄마만 나한테 뽀뽀해 줬어야죠."

입양 부모는 아이가 무의식적으로 피해 의식에 빠지는 경향이 있다는 것과, 아이에게 공감해 주어야 할 필요가 있음을 알아야 한다. 왜냐하면 입양된 아이는 문자 그대로 '피해자'이기 때문이다.

낸시 베리어Nancy Verrier는 ≪원초적 상처≫에서 "피해자가 된다는 느낌은 단지 상상에 그치지 않습니다. 그것은 현실입니다. '버림받은' 사람은 자신이 영원히 타인에게 속수무책으로 휘둘릴 것 같은 느낌에 시달립니다."라고 서술했다.

피해자적 의식 구조의 이해

피해자적 의식 구조에는 세 가지 측면이 있다. 무죄, 무방비 그리고 무력감이다. 이것들은 출생 후 시작되어 치유가 일어나기 전까지 입양인의 사고방식에서 여실히 드러난다.

무죄

생모가 임신을 한 것은 입양인의 잘못이 아니다. 생모가 어떤 이유에서건 양육을 하지 못했던 것은 아이의 잘못이 아니며, 아이가 출생과 동시에 가족을 잃는 것도 합당한 일이 아니다. 입양인은 이 모든 일에 있어 무죄이다.

입양인의 결백에도 불구하고 많은 입양인들은 마치 이혼 가정의 자녀들처럼 부당한 죄책감을 가진다. 그들은 속으로 궁금해한다.

- 내가 뭔가 잘못했고 엄마가 나한테 화가 나서 나를 포기해 버린

걸까?

- 생모가 나를 좋아하지 않았던 것 같아.
- 나의 생부에게 뭔가 나쁜 일이 있었던 걸까?

무방비

생부모가 자신을 포기하는 과정에서 입양인은 아무런 힘이 없었다. 그 이후에도 상처로부터 자신을 보호할 방법이 전혀 없었다. 입양인은 어렸을 때부터 놀이 등을 통해 이러한 무방비의 감정들을 재현하기도 한다. ≪어린 자녀와 입양 말하기≫의 저자인 피셔와 왓킨스는 다음과 같은 내용을 관찰하였다.

- 세 살 된 한 아이는 어미 고양이와 어미 고양이를 상징하는 물건들로부터 아기 고양이를 떼어 내려고 하는 사람을 연기한다.
- 못된 마녀가 착한 엄마로부터 아이를 빼앗아 가는 장면을 연출한다. 아이는 주인공 아이에게 그 못된 마녀(엄마에게 연기를 하도록 시킨)를 향해 이렇게 말하도록 시킨다. "당신만 아니었으면 나는 진짜 엄마랑 같이 있었을 거야." 그러고 나서 아이는 입양 엄마에게 이렇게 털어놓는다. "맞아요. 엄마만 아니었으면 나는 여전히 진짜 엄마랑 있었을 거예요. 엄마가 와서 날 데려간 거예요."
- 어떤 아이가 묻는다. "진짜 아빠는 어디에 있어요? 어디에 있는지 왜 몰라요? 나는 그 사람이 나를 못 찾았으면 좋겠어요. 나를 데려갈지도 모르니까요. 나를 납치할지도 몰라요."

무력감

아이가 태어날 때 아이에게 관심을 준 사람이 있었거나, 아니면 아이의 출생을 축하하려고 분만실에 당신이 함께 있었을 수도 있다. 그렇다 해도 아기가 생모로부터 떨어져 다른 이의 팔에 안기게 되는 과정은 어쨌든 아이에게 트라우마를 남길 만한 일이다.

아이가 겪었던 무력감을 다음과 같이 상상해 보자. 당신은 유럽으로 가는 비행기에 탑승하고 있다. 드디어 유럽에 도착했고, 당신은 기대감으로 한껏 들떠 있다. 가는 곳마다 멋진 것들이 가득하다. 얼마간의 시간이 흘렀지만, 여전히 모든 것들이 근사하다. 음식, 호텔, 시골의 흙길.

하지만 그 와중에 왠지 속이 거북하다. 너무도 멋진 이 환경 속에서, 당신은 무력감이라는 이상한 감정이 치밀어 오르고 있다는 것 말고는 더 이상 정확하게 묘사할 수가 없다. 둘러싸고 있는 모든 것이 매우 다르다. 사람들, 음식, 언어. 몸은 시차로 인한 피로를 느끼기 시작한다. 사람들은 외국어를 쓴다. 당신은 외국인들과 소통하거나 메뉴를 읽어 보려고 애를 쓰지만 불가능하다. 매력적인 부분이 오히려 무력감을 만들어 내고 있다.

이와 같은 잠재 의식 속의 무력감은 입양인의 일생 동안 지속되기도 한다.

이것을 인정하기는 힘들 것이다. 하지만 출생 가족에 대해 이야기하려는 아이의 무언의 욕구를 충족시켜 주려면, 아이가 마음속에 감추어 둔 복잡하고도 무섭기까지 한 생각과 감정을 부모는 알고 있어야 한다.

입양인의 마음속에는 생모에 대한 여러 감정들이 뒤섞여 있다. 환상, 분노, 희생됨, 사랑. 아이가 이런 모순되는 감정들을 확인하고 처리하는 과정에서, 부모는 아이의 든든한 지지자가 될 수도 있고, 혹은 반대로 커다란 장애물이 될 수도 있다. 조력자가 될지 장애물이 될지는 아이의 출생 가족과 관련된 복합적인 감정들을 생산적인 대화로 기꺼이 이끌어 내고자 하는 부모의 의지와 기술에 달려 있다. 이 중대한 임무를 수행하기 위한 준비 방법을 살펴보자.

대화를 위한 준비

자녀와 출생 가족에 대한 말문을 열고자 할 때 당신의 마음속에 떠오르는 것은 무엇인가? 출생 가족은 무슨 수를 써서라도 피해야만 하는 적처럼 느끼고 방어적인 태도를 취하는가? 슬픔을 느끼거나, 아이의 인생에 출생 가족이 존재할 가능성만 생각해도 입술이 떨리기 시작하는가? 당신의 자녀가 당신보다 출생 가족을 더 사랑하게 될까 봐 두려운가?

만약 그렇다면, 이 부분은 당신에게 특히 도움이 될 것이다. 아이들은 몸짓 언어를 파악하는 데 전문가들이다. 아이들의 눈을 속일 수는 없다. 당신이 어떤 일에 화가 났을 때 그것을 숨기려 해도 아이들은 금새 알아채기 마련이다.

아이의 마음속 깊이 감춰진 입양 이슈에 관해 생산적인 대화를 나누려면, 부모가 먼저 건강한 자세로 입양이 우리 가정에 미친 영향을 받아들여야 한다. 사회학자이며 작가인 데이빗 커크[David Kirk]는 ≪공유된 운명≫에서, 입양이 가정에 미치는 영향에 대한 입양 부모의 다섯 가지 일반적인 태도를 제시하고 있다.

1. 강조: 모든 문제는 입양 때문이다. 생물학적 자녀와 입양 자녀 사이의

차이를 부각시켜 강조한다. "나쁜 씨"

2. 가정: 입양 부모들이 입양에 대해 낭만적인 시각을 가지고 있으며, 입양인들이 입양에 대해 **오직** 긍정적인 감정만 가지기를 바란다.
3. 인정: 입양은 가정의 여러 문제 중 **하나**로 간주된다. 가족 구성원들은 입양에 대해서 특별한 민감성을 가지고 있다.
4. 거부: 입양 부모들이 다르다는 점을 인정하기는 한다. "그래요, 다르죠, 하지만…. (그것을 잊고 싶어요.)" 부모들은 입양 자녀들이 자신의 다른 점을 느끼고 감정을 표현하도록 허락받을 필요가 있음을 잊어버린다.
5. 부인: 입양 부모들이 자녀에게 입양에 대해 말하지 않는다. 입양은 가족에게 커다란 비밀이다.

당연히 '인정'이 가장 건강한 태도다. 가정의 모든 문제를 입양 탓으로 돌릴 수는 없다. 그러나 입양인이 자신의 인생에서 입양이 어떤 의미가 있는지 파악하도록 돕는 것은 중요한 일이다.

다음은 부모가 자녀와 출생 가족에 대해 생산적인 대화를 나누기 위해 준비해야 할 것들이다.

당신의 가장 큰 두려움을 직면하라

입양 부모로서 해야 할 첫 번째 일은 자녀에게 거절당할지도 모른다는 가장 커다란 두려움을 직면하는 것이다. 입양 자녀가 언젠가 생부모와 재결합하여 당신과 남남이 되는 상상을 할 수도 있겠다. 그렇게 된다면, 당신은 다시 한번 외로운 불모의 땅으로 돌아가게 되는 것이다.

하지만 생부모와 재결합할 때 당신이 두려워하는 것과는 완전히 정반대의 일이 일어난다(이 책의 마지막 장에서 자세히 다루겠다). 그럼에도 불구하고 존재조차 몰랐던 감정들이 마구 솟구치는 것을 느낄 수도 있다. 질투와 부러움, 분노, 오랫동안 마음속에 가장 소중하게 품고 있던 사람에게서 느끼는 배신감 따위가 그것이다.

함께 공감하며 경청해 줄 수 있는 친구, 전문적인 상담사, 혹은 입양 지지 모임은 당신이 이 힘든 시기를 통과하는 데 큰 도움이 될 것이다. 도움을 주는 입장이라면 반드시 자신의 고통을 이미 직면하고 극복하여, 타인의 고통에 의연할 수 있어야 한다. 일단 그 과정을 통과하고 나면, 당신은 자녀와 진정성 있는 감정 교류를 하게 될 것이다.

솔직한 대화를 허락하라

부모들은 입양인들이 출생 가족에 대해 이야기하는 것을 반복적으로 허락받을 필요가 있음을 마음에 새겨야 한다. 마치 '허락 버튼'이 고장이 난 것처럼, 아이가 당신의 허락을 한 귀로 듣고 한 귀로 흘릴 수도 있기 때문이다.

입양모인 캐시 자일스Kathy Giles에 의하면 부모들이 자녀가 출생 가족에 대해 말하는 것을 지속적으로 허락해 주면, 입양인들은 자신들이 갖는 무수한 질문과 감정들이 정상적이라고 느낀다고 한다. "입양인들은 자신이 생부모에 대해 알기 원하는 것이 입양 부모에게 '괜찮은지'를 살핍니다. 부모들은 반드시 '이해한다, 공감한다, 생부모에게 연락하는 것이 가능하며 도와줄 것이다'라고 표현해야 합니다. 입양 부모들이여, '나는 알고 싶지 않다'고 말하며 스스로를 속이지 마십시오. 대신에 '내 아이가 원하고 필요로 하는 것은 무엇일까?'라고 물으십시오."

경쟁심을 버려라

세 번째 필수 조건은 생부모와 입양 부모 사이에 경쟁심을 버리는 것이다. 내가 아이의 **유일한** 부모가 아님을 받아들이는 것은 입양 부모에게 가장 어려운 과제일 수 있다.

이는 고통스러운 것임에 틀림없다. 다수의 입양 부모는 새롭고 깔끔한 시작을 원한다. 그러나 당신 자녀는 생물학적 부모와 입양 부모 즉 두 쌍의 부모를 가지고 있다. 당신이 인정을 하건 안 하건 이것이 아이의 **현실**이다. 입양인들 마음 안에는 생모와 생부만을 위한 특별한 공간이 있다. 만약 입양 부모가 두 쌍의 부모 역할을 모두 감당하려고 한다면, 입양인들은 생부모에 대한 환상과 생각을 들키지 않으려 벽을 쌓아 올릴 것이다.

당신도 역시 생부모에 대해 생각하고 있음을 아이에게 알려라. 이는 입양인을 자신의 비밀스런 환상의 세계에서 현실 세계로 이끌어 낼 것이다. 부모는 입양한 자녀에게 생부모가 있다는 사실을 인정해야 한다. 출생 가족이 아이에게 선물을 보내고자 하면 허락하고, 그들에게 아이의 성장 과정을 알리는 것도 좋다.

부모 역할에 자신감을 가져라

당신이 입양 부모로서 가져야 할 가장 중요한 역할 중 하나는 아이들이 출생 가족에 대해 이야기할 때 방어적이지 않고 편안한 자세를 취하는 것이다. 아이들은 생부모에 대한 주제가 나왔을 때 자신의 부모가 확고한 자신감을 가지고 있기를 바란다.

부모로서의 역할에 자신감을 가지고 임하라. 당신이 자녀의 인생에 가장 고유하고도 결정적인 영향을 끼치는 자리에 있음을 기억하라. 그렇다. 당신이 낳지 않았고, 당신의 피를 나누지도 않았다. 하지만 당신은 지금 누구도 할 수 없는 것을 아이에게 주고 있다. 당신의 아이가 당신에게 선물인 것처럼 당신도 아이에게 선물이다.

나의 입양 부모님에 대한 감사의 마음을 하나님이 부모님에게 직접 쓴 편지처럼 표현해 보았다.

리타와 마이크에게,

나의 아이들 중 한 아이가 가정이 필요하구나. 사랑으로 길러 줄 엄마 아빠 말이다.

나는 너희들이 얼마나 아이를 원하는지 알고 있단다. 나는 너희들의 눈물과 고통도 알고 있다. 그러나 이 아이를 너희 가정에 보내기 위해 불임이란 방법을 쓸 수밖에 없었다.

나는 이제 너희에게 이 아이를 잠시 돌보라고 맡긴다. 이 아이는 나에게 정말로 소중한 존재이니, 최선을 다하여 기르거라.

어느 날, 너희가 죽게 되면 내가 이 아이의 엄마 아빠가 될 것이다. 이 아이는 너희에게 했던 것처럼 나를 믿고 의지하는 법을 배우게 될 것이다.

나의 딸을 기꺼이 사랑해 주고 이 아이가 세상에서 지낼 가정을 만들어 주어 고맙구나.

사랑하는 하나님이

피셔와 왓킨스는 네 살짜리 아이가 두 쌍의 부모에 대한 감정을 어떻게 표현하는지를 기술했다. 그 아이는 친구에게 "입양은 이런 거야. 어떤 사람이 아이를 가졌지만 키울 수 없어서 '엉엉엉, 잘 가. 아가야.' 하고 어떤 사람은 아이를 낳을 수 없어서 '좋아 좋아, 반가워. 아가야.' 하는 거야."

쉽진 않겠지만 자녀가 두 쌍의 부모에 대해 갖는 감정을 솔직하게 표현하게 도울 수 있는 방법을 찾아보기를 바란다. 그림 그리기나 시 쓰기, 혹은 연극 대본을 쓰고 그것을 연기해 보는 것도 좋다. 생부모의 사진이 있다면 양쪽을 열 수 있는 액자를 구매하는 것도 좋은 방법이다. 한쪽은 입양 가족, 다른 한쪽은 출생 가족의 것을 넣어 두는 것이다. 위에 언급한 것들 중 하나라도 자녀가 해 보도록 격려하고, 그것을 당신과 공유하도록 특별한 시간을 마련하라.

개방 입양의 경우 입양 부모가 보다 열린 자세로 생부모를 자녀 양육에 초대한 경우인데, 이 경우 지지와 사랑은 두 배가 된다. 개인적으로는 개방 입양이 이상적이라 생각한다. 개방 입양을 한 캐시 자일스Kathy Giles는 다음과 같이 말했다.

"내 아이들의 엄마로서, 나는 왜 아이들의 삶에서 '좋은 것'을 숨기려 했을까요? 왜 아이를 위해 사심 없이 부모가 되는 것을 포기하고 아이가 다른 가족 안에서 잘 자라길 바랐던 생부모로부터 아이를 '지키려' 했던 걸까요? 나는 그러지 말았어야 했어요. 우리 중에 '더 많은 사람에게 사랑받고 싶지 않아.' 또는 '이제는 사랑이 필요 없어.'라고 말할 사람이 있을까요?

역지사지로 생각해 봅시다. 만약 내가 입양인이었다면 어떻게 느꼈을까요? 나의 첫 번째 엄마 아빠가 궁금하지 않을까요? 누굴 닮았는지 알고 싶지 않을까요? 내 재능, 소질, 성향이 누구로부터 왔는지 알고 싶지 않을까요? 왜 입양 보내야 했는지 궁금하지 않을까요? 그들이 포기한 것이 '부모의 권리'이지 사랑이나 관심이 아니라는 사실을 알고 싶지 않을까요? 내가 만일 입양인이라면 이 모든 것은 나에게 중요할 것 같습니다."

부모가 할 수 있는 것

출생 가족에 대한 대화를 할 때 아이가 갖는 양가감정과 두려움을 이해하게 되면, 부모는 보다 효과적으로 아이의 숨겨진 생각을 끄집어낼 수 있다. 아이와 출생 가족에 대한 대화는 기쁨과 축하의 시간뿐만 아니라 스트레스 받고 힘들 때에도 해야 한다.

대화를 시작하기에 적당한 때는 다음과 같다.

- 아이의 생일날: "너를 낳아 주신 부모님이 너를 생각하고 계실지 궁금하구나."
- 어버이날: "너를 낳아 주신 부모님은 오늘 무엇을 하고 계실까?"
- 잠자리에 들기 전 기도할 때: "너의 출생 가족을 위해 함께 기도하자."
- 아이가 무언가를 성취했을 때: "너를 낳아 주신 부모님도 우리처럼 너를 자랑스러워하실 거야."
- 외모에 대해: "너의 생모도 너처럼 곱슬머리였을지 궁금하구나."
- 아이를 낳아 준 가족이 감사하다고 느껴질 때마다 수시로: "너를 우리에게 보내 주어 얼마나 기쁜지 몰라."

다음과 같은 일로 힘들어 할 때에도 출생 가족에 대한 대화를 시작할 수 있다.

- 신체검사: "너의 출생에 관한 모든 것을 알지 못하는 것은 무척

힘든 일일 거야."

- (먼 지역으로의)대학 입학으로 집을 떠나게 되었을 때: "입양으로 인해 생부모와 작별했던 것처럼 이번에도 우리와 그렇게 느껴져 힘들겠구나."
- 문제 행동을 일으킨 후: "혹시 최근에 출생 가족에 대해 생각해 본 적 있니?"
- 가계도 그리기 숙제가 나온 날(입양 가족의 가계도는 매우 복잡할뿐더러 일반적인 가계도의 배치와도 다르다.): "네가 괜찮다면 양쪽 가족이 포함된 특별한 가계도를 그려도 되는지 엄마가 선생님께 물어볼게."
- 입양 사실로 아이가 또래에게 놀림을 당하고 돌아온 날: "입양 때문에 괴롭힘을 당하는 게 얼마나 힘든지 엄마도 알고 있어. 그렇지만 우리 가족과 출생 가족 모두가 너를 사랑하고 있다는 것을 꼭 기억하렴."

아이는 자신의 잉태와 출생을 비롯해 가족력에 관한 진실을 알아야겠기에 자신의 부모가 먼저 열린 태도로 출생 가족에 대한 대화를 꺼내주길 바란다. 그것이 아무리 고통스러운 사실일지라도 말이다. 다음 장에서는 아이와 관련된 모든 사실을 치유적인 방식으로 아이와 공유하는 법을 다루어 보겠다.

10장

"나의 잉태와 출생, 가족의 역사에 대해 상세히 알고 싶어요. 아픈 이야기일지라도요."

베티 진 리프톤Betty Jean Lifton 박사는 그녀의 저서 ≪분실물 보관소: 입양의 경험≫에서 입양인이 생물학적 가족을 알고자 하는 욕구를 조금씩 깨달아 가는 것을 '자각'이라고 표현했다. "입양이라는 행위는 우리의 의식을 마비시키는 주술과도 같습니다. 이를 자각하게 되면, 뿌리가 뽑혀 둥둥 떠다니며 우리의 삶을 허비해 버렸을지도 모른다는 생각에 흠칫 놀라게 됩니다. 자신을 낳아 준 사람이 누구인지를 모르는 채 사는 삶은 의미가 없다는 것을 깨달았을 때, 입양인은 깨어나게 됩니다. 호기심은 해결되기를 기다리며 항상 마음속에 자리하고 있었습니다."

입양인의 자각은 다양한 시기에 일어난다. 어린 시절에는 이따금씩 약하게 다가오고, 성장해 갈수록 더욱 자주, 더욱 깊게 자각하게 된다. 나의 경우 가장 큰 자각은 중년기에 왔다. 대학의 글쓰기 수업을 수강하여 과제를 하고 있을 때였다. 몇 가지 사실과 역사적인 자료를 엮어 새로운 이야기를 만들어 내는 과제였다. 그 당시 나는 출생 가족에 대해 알고 있는 게 얼마

없었기에 그것을 글쓰기 주제로 정했다.

나는 도서관에서 퀴퀴한 냄새가 나고 너덜거리는 책을 몇 시간 동안 탐독하고 있었다. 그 책은 1940년대 미혼모 보호 시설에 관한 내용을 담고 있었다. 나는 그 책을 읽으며 부적절한 시기에 임신을 한 여성이 사회적으로 얼마나 끔찍한 오명과 수치를 뒤집어써야 했는지 알게 되었다. 또한 전사한 남편을 둔 아내가 얼마나 취약한 상태에 처했는지도 배웠다. 어두운 생각과 감정들이 나를 휘저었고, 한 번도 만나 보지 못한 생모를 생각하며 마음속으로 눈물을 흘렸다.

많은 입양인들은 자신의 출생 가족을 찾고자 하는 욕구에 사로잡히며, 실제로 그들을 찾아나서게 된다. 나 역시 더 많은 정보를 찾고자 끈질기게 노력했다. 나이가 많은 간호사들을 인터뷰하면서 출산 시에 어떤 과정을 거치는지를 처음으로 들었다. 그러면서 생각했다. '생모와 나는 출산 과정에서 어땠을까?', '나의 생모를 도와줄 만한 사람이 있었을까?', '생모가 나와 눈을 맞추거나 안아 준 적이 있었을까?'

처음으로, 아이를 포기한 극심한 고통 속에서 아기 없이 병원을 나선 후 아무 일도 없었던 것처럼 지내야 했을 생모에 대해 생각해 보았다. 나는 생모에게 그녀가 옳은 일을 했다고 말할 기회가 생기기를 간절히 바랐다. 생모에게 내가 잘 지내고 있다고 알리고 싶었다.

차츰 나의 마음속에서 출생 가족이 살아 숨쉬기 시작했다. 마침내 내가 평생 찾아 헤매던 것이 무엇인지를 깨달았다. 그것은 입양되기 이전의 나의 '진짜' 삶과의 연결, 즉 '참된' 자아였다. 그리고 나의 과거에 대한 온전한 진실은 내가 현재의 삶을 더욱 정직하고 온전하게 살도록 해 주었다.

뿌리 찾기

부모로서 당신은 입양 자녀가 **자신의 기원에 대한 진실을 아는 것이 왜 그렇게 중요한지, 그렇게 한다고 무엇이 좋아지는지, 왜 그토록 애를 쓰는지** 의아할 수 있다.

칼리 마니Carlye Marney는 ≪가족이 하나되기≫라는 저서에서 우리 개개인 이전에는 적어도 8만 세대가 존재하며, 우리가 우리의 기원을 먼저 축복해야 우리 자신이나 타인을 축복할 수 있다고 밝혔다. 마니는 한 사람의 기원을 축복하는 이러한 과정을 '뿌리 찾기'라는 용어로 표현했다.

뿌리 찾기는 입양인에게 결코 쉬운 일이 아니다. 입양인의 기원은 비밀스럽게 봉인되어 있는 경우가 많기 때문이다. 자신의 잉태, 출생, 가족의 역사에 관한 비밀들 말이다. 모르는 것이 이토록 많은데 어떻게 자신의 기원을 축복할 수 있겠는가?

웹스터 사전은 축복의 의미를 다음과 같이 정의하고 있다.

- 좋은 것을 주다
- 영예롭게 하다, 아름답게 하다
- 위해 주다
- 지지하다
- 미소 지어 보이다
- 용서하다

위의 단어들을 자녀와 연관 지어 생각해 보라. 당신이 자녀를 위해 해 주기 원하는 모든 것들이 포함되어 있다고 동의할 것이다. 당신은 아이가 자기 자신에게 미소를 짓고, 스스로를 사랑하며, 궁극적으로는 자신의 인생을 고통 속에서 시작하게 만든 사람들을 용서하기 원할 것이다. 다시 말하자면, 당신은 아이의 과거 역사와는 무관하게 아이에게 건강한 자존감을 심어 주길 원하는 것이다.

"진리를 알지니, 진리가 너희를 자유케 하리라."는 말을 여기에 적용해 볼 수 있다. 문득 이 구절이 쓰여 있는 포스터에 그려진, 낡은 짜깁기 기계 밑으로 밀려 들어가는 봉제 인형의 그림이 떠오른다. 이는 진실은 종종 고통스럽다는 것을 일깨워 주는 좋은 예라고 할 수 있겠다.

예를 들자면, 캐시는 자신의 생모가 강간으로 자신을 임신했다는 사실을 알게 된 후, 마음이 무너지는 듯했다. 심리 상담사인 랜돌프 시버슨Randolph Severson 박사는 ≪알지 못하는 그를 축복하기≫라는 책에서, 캐시를 "수치스럽고 공포스러운 성폭력으로 인해 생명을 얻게 된 어린이"라고 묘사했다. 캐시는 그러한 일이 일어날 수 있다는 것을 단 한 번도 상상해 본 적이 없었다. 그러나 이것은 그녀에 관한 사실이며, 이를 통해 오히려 더 온전한 진실에 다가갈 수 있게 되었다. 생모가 겪은 끔찍한 폭행의 결과에는 좋은 점도 있었는데, 그것은 바로 캐시 자신이었다. 진실을 통해 캐시는 생모에 대해 알게 되었고, 생모가 캐시의 생명을 지키기 위해 겪어 낸 일을 이해하게 되었다.

생모의 마약 중독이나 정신 병력, 혹은 방임이나 가족 내의 성적 학대같이 아이에게 말하기 어려운 진실들이 있을 수 있다.

사회 복지학 석사이자 사회 복지사로서 일곱 명을 입양한 재닌 존스Jeanine Jones는 ≪보석 중의 보석: 입양 뉴스≫의 사설에서 이와 같이 말했다. "아이가 자신과 관련된 모든 정보를 알기 원하면, 부모 입장에서는 달갑지 않습니다. 오히려 자녀가 상처받을까 봐 걱정하게 됩니다. 그러나 바로 이때가 아이에게 깊이 공감하여, 아이와 더욱 솔직하고 친밀한 관계를 맺을 수 있는 시간이 됩니다."

아이가 적당한 나이가 되면, 자신의 과거에 관한 정보가 고통스러운 내용이라 해도 실제적으로 유익할 수 있다. 부모가 용기를 가지고 진실을 정직하고 허심탄회하게 말하고 있다는 것을 아이도 알기 때문이다. 아이들은 거짓말을 알아채는 데 천재적이다. 자녀에게 정보를 주는 것은 아이의 과거의 진실이 어떠한지와는 별개의 일이다. 오히려 아이 자신과의 관계, 부모와의 관계와 더 깊은 관련이 있다. 과거의 진실을 마주하며, 아이는 부모를 더 깊이 신뢰하는 법을 배우고 자존감을 키우게 된다. 부모가 알려 준 자신의 과거를 통해 아이는 가장 추하고 고통스러운 정보를 접할 수 있겠지만, 동시에 입양 부모가 자신을 있는 그대로 사랑하고 있음을 깨닫게 된다.

이러한 신뢰와 사랑의 관계가 깊어 가는 과정을 통해, 아이는 출생 가족을 비롯한 더 많은 사실을 계속 찾을 것인지 말 것인지를 결정할 수 있다. 아이가 입양과 관련한 더 많은 정보를 얻기 위한 구체적인 행동을 하든 하지 않든, 입양 부모와 입양 자녀와의 관계는 더욱 더 깊어질 것이다.

아이가 뿌리 찾기를 하고 있는지 어떻게 알 수 있을까

이제는 입양인이 힘들더라도 뿌리 찾기를 해야 할 필요가 있음을 깨달았을 것이다. 그렇다면 아이가 뿌리 찾기를 하기 원하는지 알 수 있는 방법이 무엇인지 알아보자.

아이의 내면이 향하고 있는 방향을 보여 주는 몇 가지 행동들이 있다. 당신이 지금까지 그래 온 것처럼, 마음을 다해 아이의 소리를 들어라. 브로진스키 박사와 섹터 박사가 ≪입양됨: 평생에 걸친 자아 찾기≫에서 제안한 현명한 충고를 명심하라. 이 두 분의 박사는 30년에 걸쳐 입양인을 만나며 풍부한 경험을 쌓았다. 입양인 중 몇 퍼센트가 자신의 생부모를 찾느냐는 질문에, 그들은 백 퍼센트라고 답했다. "경험상 **모든** 입양인들은 뿌리 찾기를 합니다. 그것이 문자 그대로의 찾기는 아닐 수 있지만, 매우 중요한 탐색을 한다는 의미입니다."

뿌리 찾기를 하고자 하는 입양인의 욕구는 때로 미묘하게 감추어져 있어서 감지하기 어렵다. 다음은 입양인이 노골적이지 않은 방법으로 욕구들을 드러내는 몇 가지 방식들이다.

어린이의 경우:

- 동화나 이야기를 말하면서 상상 속에서 뿌리 찾기를 시작한다.
- 세 살 이전을 놀이로 보여 줄 수 있다. - 잃어버리고 구하는 주제가 있는지 주의해서 살펴보라. 잃어버린 동물, 잃어버린 아이 등
- 자신의 입양을 알고 나서 아이가 "왜 그런 일이 일어났어요?"라고 묻는다.
- 아이가 생부모는 지금 어디 있는지 궁금해 한다. "그분들은 어디에 계세요?", "그분이 언젠가 나를 찾으러 올까요?"

성인의 경우:

- "수의사한테 가면 이 개가 무슨 종인지 알 수 있겠죠. 하지만 나는 나의 유전적 유산이 뭔지도 몰라요."
- "생모에게 나를 세상에 태어나게 해 줘서 감사하다는 것과 내가 그분을 사랑하고 있다는 것을 말할 수 있으면 좋겠어요."
- "생부를 만나서 내가 누구인지를 확인했어요."
- "생모를 만나고 나니 어떻게 해야 할지 알겠어요."
- "출생 가족을 알고 나면 참고할 점이 생긴답니다."

진실은 입양인들에게 고통스럽지만, 대부분의 입양인들은 전부를 알기 원한다. 입양인들은 육체적, 정서적, 영적인 것이 포함된 모든 영역의 진실을 원한다.

부모가 할 수 있는 것

가능한 한 어린 나이일 때 출생 가족에 대한 정보를 소개하라. 아이가 컸을 때 '생모', '생부' 같은 단어를 낯설게 느끼지 않도록 하라. 대신에 아이들의 과거사는 미취학 아이들도 이해할 수 있을 만큼 쉬운 용어들로 설명해야 한다. "낳아 주신 엄마가 우리 아기를 사랑하라고 엄마 아빠에게 보내 줘서 엄마는 너무 기쁘단다." "네가 이렇게 예쁘게 웃는 건 아마 낳아 주신 엄마를 닮아서일 거야!"

열아홉 살에 임신 중이었던 비키는 엄마가 생모 이야기를 할 때 불안해하던 것을 기억하고 있다. 그날은 비키가 결혼하기 전날 밤이었다. 엄마는 비키 생모의 이름과 출생 가족에 대해 알고 있는 몇 가지 사실들을 초조해하며 알려 주었다. "어색하고 이상했고, 배신감마저 느꼈어요. 왜 더 일찍 말해 주지 않았을까요? 나의 행복을 위해 그토록 중요한 것을 왜 미리 알려 주지 않은 걸까요? 수치심도 느꼈어요. 엄마가 그토록 초조해했던 것이 혹시 내 자신이나 나의 과거에 끔찍한 무언가가 있었기 때문일까요?"

비키는 생모가 강간당했다는 사실을 그로부터 몇 년 후에 알게 되었다. 비키의 할머니가 자신의 입양을 처리했던 사회 복지사였기 때문에 자신의 엄마도 그 사실을 분명히 알고 있었을 것이라고 비키는 확신했다. "엄마가 이 사실을 나에게 더 일찍 알려 줬어도, 나는 분명히 그것을 감당했을 거예요. 물론, 고통스러울 수도 있었겠죠. 내 과거사에 대해 더 많은 질문들이 생겼을지도 모르구요. 하지만 내가 그 사실을 알았다면 나는 더욱 힘 있게 엄마를 신뢰하고 사랑할 수 있었을 거예요."

비키는 이것이 그녀에게 큰 충격이 되었음을 깨달았다. "마흔이 되어서야 내가 잉태되었을 당시의 고통스런 세부 사항들을 알게 되었어요. 그래서 나는 한 인격체로서의 나의 존재와 내가 잉태됐던 상황을 분리하느라 많은 시간과 에너지를 썼어요. 그 상황을 알게 된 후 몇 년 동안, '나는 강간으로 태어났다.'고 말할 때마다 내 영혼은 수치심과 슬픔으로 가득 찼어요. 그러다 불현듯 내가 생모의 수치심과 고통을 짊어지고 있다는 것을 깨달았고, 그 후로는 '나의 생모는 강간당했다.'라고 단순하게 말할 수 있게 됐어요. 이를 통해 엄청난 수치심을 지울 수 있었고, 생모를 더욱 사랑하게 됐어요."

기회가 있을 때마다 아이에게 자신의 역사를 들려주는 것은 크나큰 선물이 된다. 부모는 아이가 잉태와 출생 당시의 고통스러운 상황과 자신의 정체성을 분리하는 어려운 과정을 잘 넘어서도록 자녀를 도울 수 있다.

네 살짜리 아이와 함께 앉아 잉태와 출생에 대한 어두운 면을 공유하라는 것이 아니라 기회가 생길 때마다 아이의 질문에 솔직하게 답하라는 것이다.

아이가 대화를 이끌어 가게 하라. 아이가 질문하는 때가 적기이다. 아이가 만 3세가 되기 전에 생모에 관한 답을 준비해 두어야 한다. 미취학 아이에게 입양은 멋진 일처럼 보일 수 있다. 그러나 학령기가 되면, 누군가가 먼저 자신을 거절했기에 선택되었다는 것을 깨닫게 된다. "왜 낳아 주신 엄마는 나를 원하지 않았어요?", "낳아 주신 엄마는 지금 어디에 있어요?", "엄마는 나를 낳아 주신 엄마를 만난 적 있어요?", "낳아 주신 엄마를 지금 만난다면 그분이 나를 좋아할까요?"

'거절'이라는 단어에는 생모와 친권을 포기한 생모의 결정에 대한 부정적인 의미가 담겨 있기에 이 단어를 말하는 것은 곤혹스럽다. 의도한 바는 아니지만, 생모가 아이를 얼마나 사랑했는지와는 별개로 입양인은 '친권 포기'를 '거절'로 해석한다는 것을 이해해야 한다. 이것이 입양인들의 실제적인 정서이고, 여기에서 질문이 시작된다.

아이가 본격적으로 궁금해하기 전에, 아이가 물어 볼 만한 질문들의 모범답안을 생각해 두라. 아이가 질문했을 때 부모가 자신감 있고 침착한 태도를 보인다면 아이는 부모님에게 입양과 관련한 어떠한 질문을 해도 괜찮고 속마음을 털어놓아도 안전하다는 생각을 하게 된다.

부모가 질문에 관한 모든 답을 알고 있을 수는 없다. 특히 국제 입양을 한 경우라면 더욱 그럴 것이다. 그렇다 해도, 아이는 자신의 기원에 관해 내면의 평안을 찾는 법과 일생 동안 답을 찾을 수 없는 질문이 있음을 배우게 될 것이다.

아이가 말로 표현하는 메시지와 비언어적인 메시지들에 귀를 기울여라. 이 메시지는 아이가 무슨 정보 때문에 속이 상했는지를 알 수 있는 단서가 된다. "농담이죠?", "절대 안 돼요.", "끔찍해요.", "그만 듣고 싶어요." 이런 표현들은 대화를 나누던 그 시점에 아이가 입양과 관련된 모든 정보를 소화했음을 나타낸다. 비언어적인 메시지는 어떠한가? 말로 의사 소통하기 이전에 다음의 것들을 먼저 살펴야 한다.

아이가 완전히 신뢰하지 못하며 자포자기하는가? 아이가 멍하니 바라보거나 긴장한 눈빛으로 살피는가? 아이가 음식 삼키는 것을 어려워하는가? 아이의 몸이 경직되는가? 그렇다면, 주의를 기울여야 한다. 아이가 빤히 쳐다본다면, 두려움으로 얼어붙은 것일 수 있다. 아이가 음식을 삼키기 힘들어한다면 혼란스러운 감정에 압도된 것일 수 있다. 몸이 뻣뻣하게 굳었다면, 더 이상은 참을 수 없음을 표현하는 것이다.

입양은 평생 거쳐야 할 여정이라는 점을 기억해야 한다. 출생과 출생 가족에 대한 질문은 아이의 삶에서 각 발달 단계마다 드러난다. 고등학교 입학, 대학교에 가기 위해 집을 떠남, 결혼, 임신과 출산 및 자녀 양육, 중년, 노년과 같은 변화의 시기에 자신의 역사와 관련된 문제가 다시 표면화될 수 있다. 그러나 당신이 아이에게 알려 준 정보는 무거운 짐이 아니다. 오히려 그를 통해 아이는 입양의 의미를 더욱 깊이 배우게 될 것이다. 궁극적으로 아이의 성장이 이루어지는 것이다.

자신의 출생과 관련된 역사를 알아가며 '뿌리 찾기'를 하는 것이 대부분의 입양인들에게 쉬운 일이 아니라는 사실에 동의할 것이다. 경우에 따라 출생의 역사를 알게 된 것만으로도 충분하다고 느끼는 입양인들도 있다. 반면에, 당신의 아이가 고통스러울지라도 뿌리 찾기를 원하고 자신의 과거를 더욱 알고자 하는 욕구를 표현한다면, 아이의 직관을 믿어라. 뿌리 찾기의 결과로 아이는 자신의 과거를 돌아보고 지난 일을 용서하며, 자신을 온전히 받아들이게 될 것이다.

아이의 역사에 관한 모든 사실을 말해 주면, 아이는 "내가 나쁜 아기였나요?"라며 걱정할 수 있다. 다음 장에서는 이 주제를 자세히 다룰 것이며, 아이가 갖고 있는 수치심에 기반한 왜곡된 신념들을 부모가 찾아낼 수 있도록 돕고자 한다.

11장

"내가 나쁜 아기라서 생모가 나를 버린 것 같아요. 해로운 수치심을 떨쳐 내도록 도와주세요."

"엄마, 내가 나쁜 아기였었나요?" 부모에게 자신의 입양에 대해 들은 어린 스티븐이 물었다.

"나에게 무슨 문제가 있었어요? 그래서 그분들이 나를 원하지 않은 거예요? 내가 나쁜 아기였나요?"

스티븐의 부모는 아이가 묻는 가슴 아픈 질문에 놀랐지만 이내 평정을 되찾고는 생부모의 '친권 포기'는 스티븐과 아무 상관이 없다고 안심시켰다. 대신 스티븐이 태어났을 때 생모가 겨우 13살이어서 부모가 될 준비가 되지 않았기 때문이라고 설명했다. 하지만 스티븐은 여전히 자신에게 문제가 있었기 때문이 아니냐며 궁금해했다.

십 대가 되자, 스티븐은 생모가 자신 때문에 어려움을 겪었을 거라고 상상했고, 죄책감과 수치심을 느꼈다. "생모는 강간당했어요. 한 소녀의 삶을 망쳐 버린 그 끔찍한 사건의 결과가 바로 나예요. 내 존재 때문에 어린 생모가 심하게 고통받았다면, 나는 행복할 자격이 없다고 생각했어요."

나중에 스티븐이 심방중격 결손증[역주: 좌우 양 심방 사이의 중간 벽에 구멍이 있는 증상] 진단을 받았을 때, 스티븐은 자신에게 결함과 잘못이 있는 것이 사실이라고 재차 확신했다. 스티븐은 수치심과 씨름하고 있었다. 그것은 영혼 깊은 곳에서 '너는 잘못된 인간이야!'라고 외치는 해로운 수치심이었다.

많은 입양인들이 수치심으로 허우적거리고 있다. 누군가 개입하지 않으면 입양인들은 자신이 나쁜 아이였기 때문에 입양되었다고 믿기 쉽다.

당신은 "내 아이가 남몰래 수치심으로 힘들어하지 않았으면 좋겠지만, 혹시라도 그렇다면 아이가 수치심을 해결하도록 어떻게 도와줘야 할까요?"라고 물을 것이다.

이 문제를 해결하기 위해서 수치심이 무엇인지, 어디에서 기인하는지, 입양인들의 신념에 어떻게 영향을 미치는지, 어떻게 대처해야 하는지를 정확히 이해하는 것이 중요하다.

해로운 수치심이란 무엇인가?

사전은 수치심을 다음과 같이 정의한다.

- 창피스럽고, 부적절하고, 어리석은 어떤 것에 대한 자각으로 비롯된 고통스러운 감정
- 치욕스러움
- 창피함
- 지목당해 질책받은 굴욕감

- 다른 사람 앞에서 초라해진 굴욕감
- 자신에 대한 평가 절하

아이가 신생아 시기에 생부모의 친권 포기로 입양되었다면 안전하고 친숙한 대상 즉, '엄마'라는 존재와 분리되는 것이 인생의 첫 경험이 된다. 유아는 이러한 분리 뒤에 자리 잡은 복합적인 동기를 파악할 수 없기에 너무도 당연하게 자신은 버려진 것이라고 이해한다. 마음속 깊은 곳에서부터, 자신이 버려졌다는 인식과 실제로 거절당한 경험은 수치심을 만들어 낸다.

아이가 연장아 시기에 출생 가족과 분리되었다면, 아이는 대담한 척하며 무엇이라도 감당할 수 있는 양 행동해 왔을 것이다. 그러나 '난 이것도 할 수 있어'라는 식의 행동은 실패할 것 같은 느낌을 숨기기 위한 전략일 뿐이다. '내가 나빠서, 그들이 나를 엄마한테서 떼어 놓은 거예요. 내가 더 착한 아이였어야 했는데….' 부모의 육체적인 혹은 성적 학대를 피하기 위해 가정과 분리되어 신변 보호를 받는 아이들이 주로 이런 믿음들을 가지고 있다.

마음 깊은 곳에 자리한 거절의 공포 때문에 많은 입양인들이 사람을 기쁘게 하려고 하거나 반항을 통해 그 고통을 다루려고 한다. '내가 모든 일을 완벽하게 해내야 나를 사랑해 주고 지켜 줄 거야.', '부모님께 인정받기를 아예 거부해 버리면, 나중에 부모님이 날 거절할 때 상처받지 않을 거야.'

당신의 입양 자녀는 어떠한가? 아이가 당신을 기쁘게 하기를 원하며 지나치게 순종하는가? 아니면 마치 자신이 거절되어야 마땅하다는 듯이 문제 행동을 보이는가? 혹은 아이가 이 두 가지 양상 모두를 보일 수도 있다.

당신의 자녀가 순종적이든 반항적이든 또는 두 행동 사이에서 오락가락

하든, 아이가 자신이 아는 유일한 방식으로 당신에게 말하려고 하는 바를 깊이 살펴보라.

- "무언가에 압도당하는 것 같아요."
- "무서워서 조마조마해요."
- "거절의 공포를 이겨 내려고 노력하는 중이에요."
- "어떤 대가를 치르더라도 나중에 받게 될 상처를 막아야 해요."
- "나의 잘못된 점이 드러나는 건 시간문제예요."
- "나에게 항상 문제가 있는 것 같아서 두려워요."

다시 말하면, 아이는 수치심으로 인해 이와 같은 행동을 하는 것이다. 부모가 아이의 잘못된 수치심을 밝혀 내고 진실이 무엇인지 알려 줄 수 없다면 아이는 엄청난 정신적 고통에 시달리며 공포 속에 살거나, 지속적으로 가정을 위태롭게 할 것이다. 물론 모든 입양인들이 이 정도의 수치심을 경험하는 것은 아니지만, 당신의 자녀가 평균보다 더 순종적이거나 반항적이라면 아이가 무엇 때문에 그러는지 알아내야 한다.

해로운 수치심 드러내기

나와 대화를 나눈 많은 성인 입양인들은 자기가 어렸을 때 속으로 다음과 같이 되뇌어 왔다는 것을 이제야 깨달았다. '내가 나쁜 아기라서 생모가 나를 포기한 거야. 그러니까 무슨 짓을 해서라도 착해져야 해. 내가 그렇게 하

지 않으면, 입양 부모님도 나를 거부할 거야.'

그들의 이러한 신념은 다음과 같은 '기쁘게 하는' 행동으로 드러난다.

- "나에게 실망하는 사람이 없었으면 좋겠어요. 모범생이 되려고 열심히 노력했어요."
- "다른 사람이 베푼 친절에 일일이 보답해야 한다는 강박 관념이 있어요."
- "나는 수줍게 행동해요."
- "다른 사람들의 감정에 지나치게 민감해요."
- "내가 나쁘거나 이기적으로 보일까 봐 두려워요."
- "완벽하고자 노력해요."
- "나는 사람들에게 휘둘려요."
- "사람들의 기대에 부응하려고 해요. 사람들이 '뛰어 봐.' 하고 말하면, '얼마나 높이 뛸까요?' 하고 물어요."
- "내 자신을 계속 몰아붙여요."

입양 아동의 행동 중 순응적인 양상은 아이에게 아무런 문제가 없는 것처럼 보이기 때문에 아이가 감정적으로 혼란스러워하고 있더라도 부모가 이를 파악하기 어렵다. 앞 장에서 언급했듯이 내 아이의 '힘'이 건강함에서 나오는지 상처에서 나오는지를 구별해야 한다.

반면에, 성인 입양인들은 자신들이 한때 반항했던 것은 나름의 이유가 있었기 때문이라고 말한다. "내가 나쁜 아기였기 때문에 생모가 나를 포기한 거예요. 그러니까 나는 진짜 패배자처럼 행동할 거예요."

이런 신념을 보여 주는 행동들:

- 절도
- 가출하고 싶은 마음 혹은 가출의 실행
- 격노
- 방화
- 입양 부모를 신체적으로 공격함
- 문란한 성관계
- 혼외 임신
- 거부: "나는 먼저 거부당하는 사람이 되고 싶지 않아."
- 가해: "당신이 내게 상처 주기 전에 내가 먼저 상처를 줄 거야."
- 과격한 행동: "삶이 나에게 주는 어떤 것이라도 감당할 수 있어."
- 섭식 장애
- 자살

만약 당신의 아이가 순응과 반항, 두 가지의 양상을 **모두** 드러낸다면, 그 아이는 학교에서 인기가 있고 동급생들에게 축제의 여왕으로 뽑힐 수도 있겠지만, 집에 와서는 모든 부모가 두려워하는 말을 할지도 모른다. "엄마 아빠… 나 임신했어요." 또는 다른 사람들에게는 애교 넘치고 매력적으로 보이지만 집에서 함께 사는 것이 불가능한 정도일 수 있다.

부 모 가 할 수 있 는 것

아이의 치명적인 수치심을 알게 되면, 너무나 엄청나게 느껴져서 이것을 감당할 수 없다고 느낄 수 있다. 그러나 이는 사실과 다르다. 수치심은 원래부터 아이의 존귀한 영혼에 속한 것이 아니므로 마치 쓰레기처럼 여기고 멀리 내버려야 한다. 아이가 믿고 있는 어긋난 신념을 양지로 끌어내어 아이의 치명적 수치심을 원래 속해 있던 곳에 내다 버리도록 부모가 도울 수 있는 몇 가지 방법들이 있다.

자신의 수치스러운 생각들을 찾아내는 방법을 가르치라

아이가 어리다면, 아이가 해로운 수치심을 드러낼 때 아이를 대신하여 이의를 제기하자.

"나는 나쁜 아기지요, 엄마? 그래서 생부모가 나를 버린 거죠?"

"아니, 아가야, 낳아주신 부모님이 너를 입양 보낸 이유는 그분들이 부모가 될 수 없었기 때문이란다. 이해하기 어렵지?"

아이가 좀 더 자랐을 때에는 부모가 아이의 해로운 수치심의 징후를 알아채는 것만으로는 부족하다. 부모는 아이에게 이러한 징후들을 스스로 찾아내는 방법을 반드시 가르쳐야 한다. 따라서 수치심으로 가득 찬 아이의 생각을 듣게 되면 이와 같이 반박하라.

"엄마, 나는 패배자예요."

"엄마가 보기에는 네 자신에게 수치심을 느끼는 거 같아. 수치심이 무엇인지 기억하지? 그것은 너에게 뭔가 나쁜 점이 있다고 믿는 거잖아. 그런 생각이 들면 반기를 들어야 해. 엄마는 네가 마음속으로 그런 생각이 들 때 네가 자신에게 이렇게 말했으면 좋겠어. '그 생각은 사실이 아니야. 나는 멋진 사람이야.'라고 말이야."

환영 편지를 쓰라

아이의 해로운 수치심을 치유하도록 돕는 또 하나의 방법은 아이가 이 세상과 당신의 가족에게 '환영받고 있음'을 확실히 알리는 편지를 쓰는 것이다. 아이에게 "너를 환영해. 네가 태어나는 날 우리가 함께 있지는 못했지만, 우리 마음은 '이 세상에 온 걸 환영해, 꼬마야.'라고 말하고 있었어. 네가 태어나기 오래전부터 네가 우리의 아이가 되길 바라고 있었단다. 너는 우리가 받은 최고의 선물이란다."라는 말을 반복해서 해 주어야 한다.

아이의 '라이프북'의 첫 장을 이 편지로 장식해도 좋겠다. 아이의 출생과 입양 이야기가 나올 때마다, 이 세상과 우리 가족 속에 아이의 자리가 있음을 상기시켜 주어라.

아이에게 자신이 소중한 존재임을 알려 주라

어느 날 내가 심리 상담을 마치고 나오려는데, 상담사가 나에게 팔을 두르며 "당신은 정말 훌륭해요. 그거 아세요?"라고 말한 적이 있다. 당시에 그 말을 듣고는 무척 놀랐다. 그 이전에는 그토록 구체적이고 직접으로 나를 칭찬하는 말을 들어본 적이 없었기 때문이다.

당신의 자녀는 자신의 가치에 대한 구체적인 확언을 들어야 한다. "너는 정말 굉장한 아이야." "넌 아주 멋져!"

만약 당신이 신앙인이라면, 당신은 아이가 하나님의 창조물 중 하나이며 하나님은 실수하지 않으신다는 것 또한 아이에게 가르쳐 주고 싶을 것이다.

"하나님은 너를 만드셨고 너를 있는 모습 그대로 사랑하신단다. 물론 우리도 그렇단다."

자신을 보고 웃으라

유명한 작가이자 연설가인 존 브래드쇼John Bradshaw는 ≪귀향≫에서 이렇게 말했다. "해로운 수치심은 우리를 인간 이상(완벽한 사람) 또는 인간 이하(게으름뱅이)가 되도록 강요합니다. 건강한 수치심은 우리가 실수하는 것을 용납합니다. 실수를 용납하는 것은 인간적인 삶을 위해 반드시 필요합니다."

아이가 해로운 수치심으로부터 자유로워지도록 돕는 가장 좋은 방법은 입양 부모가 자신의 약점과 실수를 웃어넘기는 법을 배우는 것이다. 아이는 자신의 존재가 **실수**라고 믿을 수 있기 때문에 아이에게 인간으로 사는 것도 괜찮은 일임을 보여 줄 본보기가 있어야 한다.

아이에게 인간적인 면을 보여 주라. 당신의 실수를 아이에게 말하라. 생명이 있는 사람은 거절당해서는 안 되는 존재임을 아이에게 알려 주어라. 아이에게 다른 사람을 용서하는 기쁨과 다른 사람에게 용서받는 기쁨, 또한 자기 스스로를 용서하는 기쁨을 가르치라. 어느새 아이는 당신을 따라 하고 있을 것이다.

아이가 해로운 수치심을 버릴 수 있도록 돕는 몇 가지 방법을 살펴보았다. 만약 아이가 수치심을 해결하지 못하면 결코 안정감을 느끼지 못할 것이며 자신이 세상에 필요한 존재라고 느끼지도 못할 것이다. 결국 버려짐에 대한 두려움은 항상 아이를 따라다닐 것이다. 다음 장에서 이를 논하겠다.

12장
"부모님이 나를 버릴까 봐 두려워요."

햇살이 따사로운 플로리다주의 디즈니 월드에서 열차를 타고 유령의 집을 지나가고 있는 모습을 상상해 보라. 어른, 아이 할 것 없이 열차 안의 안전대를 꽉 움켜잡고 어두운 집들 사이에 난 구불구불한 길을 지나간다. 바흐의 정교한 음악에 맞춰 유령이 등장하자 적막을 깨는 비명이 들린다.

열차가 반쯤 왔을 때, 열차 앞쪽에서 한 아이가 우는 소리가 들린다. 어둠 속에서 아이의 울음소리가 유난히 크게 들린다. 열차에서 내려 그 아이의 가족이 대화하는 것을 듣는다.

"조니, 뭐가 그렇게 무서웠니?" 엄마가 부드럽게 다독거린다. "무서워해도 괜찮아. 엄마가 너랑 함께 있다는 걸 잊지 마. 넌 안전해."

이런 위로를 마다할 아이가 있을까? 인생의 여정 내내 이런 사실을 모른 채 살아가기 원하는 사람이 있을까? 입양 아동에겐 "내가 여기 있을게. 넌 안전해. 난 너를 떠나지 않아."라는 사실을 아는 것이 그 무엇보다 더 중요하다. 입양인에게 가장 중대한 이슈 중 하나는 당신, 즉 부모로부터 버림받을지도 모른다는 두려움이다.

'내가 아이를 버린다고? 내 아이에게 그런 짓을 할 리가 없잖아. 내가 그 아이를 얼마나 사랑하는데!' 당신은 이렇게 생각할 것이다.

그러나 내가 아는 대부분의 성인 입양인들은 평생에 걸쳐 이 버려짐에 대한 공포와 정서적으로 싸우고 있다.

한 남자는 "내가 기억하는 한, 난 계속해서 버려짐의 이슈를 가지고 있었어요. 거절의 두려움도 늘 함께 있었고요."라고 말했다.

또 다른 사람은 "내가 출생 가족을 찾게 되면 거절에 대한 두려움이 없어질 거라 생각했지만 그렇지 않았어요."라고 말했다.

당신은 이렇게 물을 것이다. '도대체 이 두려움은 어디에서 왔고 어떤 식으로 나타나나요? 어떻게 하면 내 아이가 버려짐의 공포로 가득 찬 살벌한 바다를 무사히 헤엄쳐 나올 수 있도록 부모인 내가 도울 수 있을까요?'

아이 안에 있는 유령의 집으로 들어가라

사전은 두려움을 "임박한 고통이나 위험, 혹은 악이나 그런 환상에 의해 야기된 괴로운 감정"이라고 정의한다. 성인 입양인들이 아이일 때 느꼈던 '버려짐'을 묘사하는 데 사용한 생생한 이미지들을 살펴보자.

- 길 한쪽에 남겨지는 것
- 들판에 덩그러니 놓아 둔 바구니 속의 아기
- 혼자만 남겨진 아무도 없는 분만실
- 어느 추운 겨울밤에 창문 밖에서 행복한 가족의 모습을 들여다보고 있는 아이

• 바깥에서 안쪽을 바라보는 것
• 다른 사람들이 잘 살고 있는 동안 혼자만 뒤떨어지는 것
• 엄마를 찾으며 우는 아기

버려짐과 공포는 떼어낼 수 없게 서로 얽혀 있으며 입양 아동의 정신과 영혼 안에 커다란 매듭으로 단단히 묶여 있다.

평범한 유년 시절 누구나 한 번쯤 경험하는 버려짐의 공포를 잠시 떠올려 보자. 그것은 환상이며 사실에 근거한 것이 아니다. 그러나 입양인에겐 공포를 극복하기 어려운 충분한 이유가 있다. 그 두려움은 환상이 아니다. 그것은 생모가 자신을 포기했다는 사실에 근거한 현실이다. 게다가 생모는 존재하는 현실이자, 입양인이 직접 볼 수 없는 환상이다. 이러한 역설을 곰곰이 생각해 봤을 때, 입양인들이 두려움과 힘겹게 싸우는 것이 놀랄 만한 일은 아니다.

한 입양인이 말했다. "누군가가 나를 위해 내 곁에 있어 줄 것이라는 구체적인 증거가 필요해요. 나는 언제나 내가 보지 못한 것(예를 들어, 출생 가족과 같이 자신의 곁을 떠나 버린 사람들)은 존재하지 않는 것처럼 생각했어요. 이런 생각을 하는 내가 바보 같아요. 누군가 내 곁에서 함께한다는 사실을 어렸을 때 배웠어야 했는데 그러질 못했네요."

또 다른 여성은 말했다. "사람들이 가면, 나는 그들이 영원히 떠나 버렸다고 생각해요."

그러므로 입양 부모로서 당신은 엄마가 아이의 눈앞에 안 보이더라도 자신을 위해 엄마가 항상 그 자리에 있다는 것을 아이가 확신하도록 가르쳐야 한다. 부모는 아이의 특별한 기질과 상황에 맞게 이 사실을 가르칠 수 있는

창의적인 방법을 배워야 한다.

한 입양모가 최근 자신의 딸에게 이 개념을 어떻게 가르쳤는지를 나누었다. 그녀는 밤에 아이를 잠자리에 눕히고 잘 자라고 인사한 뒤에, 문을 닫고 아이가 잠들 때까지 문 밖에서 간단한 대화를 계속했다. 이 방법으로 아이는 엄마가 눈에 보이지 않아도 여전히 거기 있다는 것을 배울 수 있었다.

여행의 동반자가 필요하다

조니의 엄마는 유령의 집을 지나는 열차에서 내린 후에 조니를 안심시켰다. 그녀는 소아과 의사이자 정신과 의사인 폴 워렌Paul Warren 박사와 프랭크 미니스Frank Minirth 박사가 언급한 바와 같이 여행의 동반자로서 아이 곁에 있었던 것이다. 워렌과 미니스 박사는 ≪밤에 마주치는 것들≫이라는 저서에서 모든 아이들의 기본적인 두려움을 다루면서, 부모가 발달 단계에 맞게 아이들을 진정시키는 방법을 가르쳐 주었다.

모든 아이들에게는 어린 시절의 두려움을 극복하고 성숙해지는 방법을 가르쳐 줄 수 있는 강하고 지혜로운 여행의 동반자가 있어야 한다. 감정을 인정해야 할 때와 가볍게 반응해야 할 때를 아는 사람, 아이에게 공감해 주면서 더 높은 목표를 향해 나아가도록 격려해 줄 사람, 어떤 상황 속에서도 아이를 위해 함께 있어 줄 사람 말이다.

건강한 부모가 여행의 동반자가 되는 것이 이상적이다. 건강한 부모란 자신이 가지고 있던 버려짐의 문제를 이미 극복하여, 자신의 해결되지 않은 고통을 아이들에게 투사하지 않는 부모이다. 부모가 감정적으로 아이와 공감할 수 있을 때, 부모가 여행의 동반자가 되어 아이 내면에 공포의 근원이 되는 유령의 집을 허무는 법을 아이에게 직접 가르칠 수 있게 된다.

부모가 할 수 있는 것

공감하라

유능한 여행의 동반자가 되려면 아이의 감정에 공감할 수 있어야 한다. 공감한다는 것은 다른 사람의 감정이나 생각 또는 태도에 지적으로 동화되거나 그것을 대신 경험하는 것이다.

아이에게 공감할 때 당신의 상상력을 발휘해 보라. 입양된다는 것이 어떤 것인지 지적으로나 감정적으로 이해하기 위해 당신이 애쓰고 있다는 것을 기회가 있을 때마다 아이에게 보여 주라.

- "생물학적인 부모와 입양 부모, 두 쌍의 부모를 갖는다는 것이 얼마나 혼란스러울지 상상도 못 하겠구나. (공감) 나라도 혼란스러울 거야. (동일시)"
- "생일이 되면 입양됐다는 사실과 낳아 주신 엄마가 생각이 나서 복잡한 감정이 들 것 같아. (이해) 다른 입양인들도 너처럼 느낀단다. (공감)"
- "우리에게 인사하고 헤어지는 게 두렵게 느껴질거야. (공감)"
- "신체검사를 받을 때, 입양되어서 가족력을 모른다고 말하기가 어렵니? (경청)"

- “입양되었다는 것이 때로는 정말 마음 아파, 그렇지? (공감)”
- “생모가 왜 너를 입양 보냈는지 너무 궁금하고, 수많은 것들을 묻고 싶을 거야. (아이 입장에서 생각하기)”

아이가 느끼는 버려짐에 대한 공포를 다루는 열쇠는 바로 공감이다. 위의 예와 같이 아이의 생각을 가다듬게 하는 진술들을 말로 표현하는 것을 두려워하지 말라. 이러한 말들은 오히려 당신과 아이를 더욱 친밀하게 묶어 줄 것이다. 유령 열차 안에서 겁먹은 아이가 부모에게 마음 놓고 자신의 두려움을 이야기한 것처럼, 아이도 속마음을 말로 표현하는 방법을 배우게 될 것이며 안심과 위로를 받기 위해 부모에게 다가올 것이다. 그렇게 할 때, 아이는 자신이 느끼는 버려짐의 공포가 그저 과거의 어두운 구석 한 켠에 있는 유령 인형에 불과하다는 것을 깨닫게 될 것이다.

아이에게 힘을 북돋아 주라

여행 동반자의 할 일 중 하나는 입양 트라우마에 대한 아이의 오해를 풀어주는 것이다(14장에서 자세히 논의하겠다). 우리의 목표는 아이가 자신의 노력으로 인생이 달라질 거라는 희망을 가지도록 돕는 것이다. 이를 통해 아이는 자신을 피해자로 여기는 것에서 벗어날 뿐 아니라, 이후에도 또 다시 무방비 상태로 ‘버려질’ 것 같은 느낌을 떨쳐 버릴 수 있다.

입양인 각자의 삶은 여전히 진행 중인 이야기이다. 이 이야기는 트라우마로 시작되어 주인공의 인생을 위험하고도 비극적인 결말로 이끌 것처럼 보인다. 그러나 입양인은 언젠가 헤밍웨이가 말했듯이 “무너진 자리에서 강해질 수 있다.”는 것을 배워야 한다.

부모라면 아이 스스로가 ≪영원한 상실≫에서 맥신 해리스Maxine Harris가 비유한 것과 같은 인생의 그림을 그리길 바랄 것이다.

어떤 나무가 벼락을 맞고도 죽지 않았다면,
그 나무는 변합니다.
번개가 친 자리에 옹이가 생기고
나무 한쪽이 다른 한쪽보다 무럭무럭 자랍니다.
나무의 모양도 달라집니다.
원래는 곧은 선이 되었을 자리를 대신하여
이리저리 꼬이고 기이하게 갈라져 자라납니다.
나무는 번성합니다.
열매를 맺고, 그늘을 드리우며
새와 다람쥐에게 집이 되어 줍니다.
나무는 더 이상 번개를 맞기 전에
그곳에 있던 그 나무가 아닙니다.
누군가는 이 모양이 훨씬 아름답다고 말합니다.
나무의 모양을 영원히 바꿔 놓은 그 사건을
기억하는 사람은 없을 것입니다.

여행의 동반자로서 당신은 아이에게 공감하며 아이와 함께 유령 열차를 타고 '버려짐'이라는 무서운 터널을 통과하고 있다. 아직도 당신 앞에 예상치 못한 굴곡이 많이 있을 터이니, 마지막까지 마음을 놓지 말아야 한다. 그러나 아이와 함께 터널에서 나와 눈부신 햇빛을 보는 순간, 아이는 자기 옆에 있는 부모를 보고는 혼자가 아니었음을 깨달을 것이다. 굽이굽이 굽잇길을 아이와 함께 마침내 지나온 것이다.

다음 장에서는 유령 열차를 탔던 아이처럼 부모에게 아무 말도 하지 않는 입양 아동을 다룰 것이다. 아이는 실제와 달리 온전해 보이고 두려움이 없는 것처럼 보일 수 있다. 아이와 '함께하는 것'을 넘어 아이가 실제로 어떻게 생각하고 느끼는지 알아보자.

13장

“나는 실제 내 모습보다 더 ‘온전하게’ 보일 거예요. 나의 숨겨진 부분을 드러내어 정체성을 통합할 수 있게 도와주세요.”

당신이 입양 부모가 되려고 서명란에 사인했을 때, 탐정 역할도 해야 할 줄은 꿈에도 몰랐을 것이다. 그러나 탐정 역할이야말로 아이가 부모에게 원하는 모습이다. 아이는 자신의 정체성의 깨어진 부분들을 발견하고 흩어진 조각들을 다시 이을 수 있도록 부모가 친절하게 도와주길 바라고 있다.

지나친 요구처럼 들리겠지만 하나씩 차근차근 살펴보자. 우선 ‘통합’이라는 단어부터 시작해 보자. ‘통합’이란 무엇을 의미하는가? 그리고 입양 부모의 역할에 ‘통합’을 어떻게 적용할 수 있겠는가?

웹스터 사전은 좋은 단초를 제공한다.

- 연합하다
- 결합하다
- 혼합하다

- 합치다
- 녹아들다
- 밀착하다
- 한 팀이 되다
- 부분을 전체에 포함시키다
- 더 큰 단위로 결합하거나 더 큰 연합체를 만들어 내다

이 정의들을 입양에 적용해 보자면, '통합'은 아이의 내면이 온전해지도록 입양 정체성과 생물학적 정체성 모두를 통합시키는 것을 의미한다. 입양 자녀가 이 목표를 향해 나아가도록 돕기 위해서는 우선 아이의 정체성이 아직 제대로 통합되지 않은 상태임을 반드시 이해해야 한다.

나는 임상 상담사가 아니다. 그러나 내가 지금부터 나누려고 하는 통찰은 가장 기본적인 것이지만 나는 이를 통해 치유를 경험했다. 당신과 당신의 자녀에게도 나와 같은 치유가 일어나길 바라는 마음으로 이를 나누고자 한다.

입양인 정체성의 네 가지 측면

심리학자 조지프 루프트Joseph Luft와 해리 잉그럼Harry Ingram에 의하면, 개인의 정체성은 네 가지 영역으로 나눌 수 있다. 첫 번째는 자신이 알고 있는 영역이다. 두 번째는 현실적인 부분으로 자신도 모르고 있는 영역이다. 세 번째는 타인이 알고 있는 영역이고, 네 번째는 자기의 정체성 중 타인에게 숨기고 있는 부분이다.

자신이 알고 있는 자아

이것은 입양인이 자기 자신에 대해서 알고 있는 부분, 즉 의식적으로 인식하고 있는 부분이다. 이것은 머리카락 색깔, 피부색, 눈동자 색깔, 음식과 선호하는 활동과 같은 외형적인 것을 포함한다. 또한 옳고 그름에 대한 감각, 진리와 미에 대한 신념도 포함한다. 이것들은 당신과 같이 입양인의 인생에서 중요한 인물에 의해 아이에게 스며든 축복과 같은 것이다.

성인 입양인이며 국제 입양 지지자인 수전 순금 콕스Susan Soon-Keum Cox는 '자신이 알고 있는 자아'에 대한 자신의 관점을 이렇게 표현했다. "저는 네 살 반이 됐을 때 한국에서 입양되었습니다. 제 부모님은 자녀 한 명을 더 입양하고 나서 세 명의 자녀를 낳았습니다. 그래서 저는 다섯 형제 중 장녀입니다. 우리 남매는 우리 사이의 차이점이 부모님께 전혀 문제가 되지 않는다는 것을 분명히 알고 있었습니다. 우리는 모두 똑같이 사랑을 받았습니다. 저는 그 사실을 언제나 매우 분명하게 이해하고 있었습니다."

자신이 모르는 자아

이것은 무의식적인 부분으로 입양인이 모르는 자기 정체성의 일부분이다. 이것은 아이가 생모로부터 자궁 내에서 받은 미묘한 메시지, 출생과 양육 포기의 경험으로부터 온 감각 기억, 인식하거나 다루어 본 적이 없는 자신도 모르는 두려움을 포함하고 있다.

중년이 되기까지 자기가 입양되었다는 사실을 몰랐던 입양인이 받을 충격을 상상해 보라.

"아버지의 장례식에서 나의 대부와 친구들이 나누는 대화를 내 친한 친구가 우연히 듣고는 내게 전해 주었습니다. 오빠와 나는 입양되었으며 우리를 길러 준 부모와 생물학적으로 연관이 없다는 내용이었죠. 나는 즉시 그 친구에게 잘못 들은 것이라고 말했습니다. 나는 부모님과 꼭 닮았습니다. 어떻게 이런 일이 일어날 수 있지요? 부모님은 이 비밀을 무덤까지 가져가셨고, 모든 가족들에게 우리에게 말하지 말라고 경고하셨을 겁니다. 쉰 살이 되어서야 내 인생 전체가 거짓말임을 알게 되었습니다. 나는 누구인가요? 나는 어디에서부터 왔을까요? 그때 이후로 나의 인생은 영원히 바뀌었습니다."

타인이 알고 있는 자아

입양인의 정체성에서 이 요소는 타인에게 인지되고 있는 나의 모습인데, 종종 강하며 자신만만하고 잘 통제되는 것처럼 보일 수 있는 부분이다. 그러나 탐정 역할을 맡은 부모는 자녀의 힘이 진정한 건강에서부터 흘러 나오는 것인지 아니면 숨겨진 상처에서 나오는 것인지를 반드시 파악해야 한다.

17세인 조너선은 진짜 건강함이 무엇인지 보여준다. 그는 "입양되었다는 사실은 별게 아니에요. 그것은 내 인생의 한 부분에 불과해요."라고 말했다. 조너선이 어디서 그런 힘을 얻었을까? 그의 부모님은 정서적으로 건강한 분들이었다. 조너선의 부모는 아이가 난처한 질문들(나는 누구인가? 생모는 왜 나를 포기했는가? 왜 **내가** 입양되어야만 했는가? 내가 법정에서 단순히 나의 생부모가 누구인지 물었을 때, 왜 아이 취급을 당해야 했는가?)을 물어볼 수 있도록 허용했고, 말하기 힘든 감정들과 두려움(나는 생모를 증오한다. 나는 엄마도 밉고 내 자신도 밉고 하나님도 싫다. 사람들은 나를 사생아라고 불렀다. 내가 정말 그런가? 나는 사생아인가? 나는 이류 혹은 불량품인가? 나는 우리 가족에게 어울리지 않는 부적응자인가? 내가 정말 우리 가족에게 속해 있는가?)을 말로 표현할 수 있도록 아이를 도왔다. 그리고 조너선의 부모님은 다양한 감정들을 기꺼이 수용하며, 아이를 있는 모습 그대로 늘 받아 주어 아이가 자신을 편안하게 생각하도록 격려해 줌으로써 아이가 따를 수 있는 본보기가 되어 주었다.

메리 왓킨스Mary Wakins와 수전 피셔Susan Fisher는 ≪어린 자녀와 입양 말하기≫에서, 자기 정체성의 여러 부분들을 통합시키는 방법을 배우고 있는 어린아이의 모습을 묘사했다.

"또래 아이들이 입양된 아이를 두고 '너는 네 엄마 배 속에서 태어난 게 아니라 입양되었어.'와 같은 말로 수군거립니다. 아이는 사실대로 대답합니다. '물론이야. 나는 입양되었어. 그래, 맞아. 나는 우리 엄마 배 속에 있지 않았어. 나는 멋진 분의 배 속에 있었지. 그런데 그분은 너무 어려서 엄마가 될 수 없었어. 우리 엄마 아빠는 나를 기다리고 있다가, 내가 그분의 배에서 나온 이후로 우리 엄마가 되어 계속 행복하게 지내서."

반대로, 곪아 터진 상처를 가진 입양인은 매우 상반된 이야기를 한다. 몇 가지 진술을 살펴보자.

- "나는 늘 내가 속한 그룹의 정체성과 행동 양식을 받아들였어요. 그들이 행동하는 건 그대로 따라 했어요."
- 마시 액시니스Marcy Axness의 〈배신〉이라는 제목의 글에 나오는 진술이다. "나는 진짜 모습을 감춘 채, 상황에 순응하고 상냥하게 웃으며 다른 사람에게 상처 주지 않는 사람이었어요. 입양 부모님이 나를 위해 만들어준 인생에 꼭 들어맞는 거짓 자아로 살았습니다."

- 팀 그린Tim Green은 ≪한 남자와 그의 어머니≫에서 "어느 누구도 나를 의심하지 않았습니다. 나는 거칠었고 수단을 가리지 않았으며 마치 대리석 조각같이 호탕하며 자신만만한 축구 선수였죠. 남자 중의 남자였습니다. 실제로도 그랬죠. 그러나 그와 동시에 나는 비극적인 소설에 나오는 주인공처럼 잠 못 이루며 우는 소년이기도 했습니다."라고 말했다.

입양모인 앨리스 미첨 젠킨스Alyce Mitchem Jenkins는 ≪입양아 양육하기≫라는 저서에서, 아직 자신의 정체성을 통합시키지 못한 어린아이의 사례를 보여주었다. 그녀는 어린 입양인 두 명이 이야기하는 장면을 묘사했다.

"당신의 아이가 '나는 입양되었어.'라고 선언합니다. 아이와 친구는 함께 행복하게 놀고 있고, 당신도 기분이 좋습니다. 당신이 아이의 배경을 긍정적인 방식으로 설명하려고 노력해 왔기에 아이도 분명 입양된 것을 기쁘게 여깁니다. 아이는 심지어 자신이 입양된 것을 자랑까지 하지만, 이어서 '나는 태어난 게 아니야. 입양된 거야.'라고 말합니다. 맙소사! 아이는 진심으로 자신이 다르다고 느끼고 있습니다. 태어나지 않았다고요? 도대체 아이가 어떻게 그런 생각을 하게 됐을까요? 이제 당신은 아이의 오해를 풀어 주기 위해 무슨 일을 해야 할까요?"

눈치 빠른 부모라면 이 대화를 통해, 입양인은 출생과 입양 과정 모두를 정체성 안에 통합시키는 법을 배울 필요가 있음을 깨달았을 것이다.

타인이 모르는 자아

정체성의 네 번째 요소는 입양인이 타인들과 공유하지 않으려는 부분이다. 공유 여부를 결정하는 것은 지극히 개인적인 일이다. 이것은 아이의 역사에서 부정적이고 수치스러운 면을 포함할 수 있다(나는 강간으로 임신되었다. 나의 엄마는 마약 중독자였다. 생모는 나에게 아무런 정보도 남기지 않았다. 나의 생부모는 내가 그들을 만나기 전에 죽었다. 출생증명서 원본을 보는 것은 불가능하다. 나의 생모는 정신 분열증 환자였다. 언젠가 나도 정신병에 걸릴까 봐 두렵다).

부모가 할 수 있는 것

명탐정이 되기 위해, 당신은 아이의 정체성 중 통합되지 못한 부분에 대해 배웠다. 이제는 아이가 분리된 조각들을 다시 연결할 수 있도록 돕는 법을 집중적으로 살펴보겠다.

무조건적인 지지와 열린 태도를 보이라

입양모인 캐시 자일스Kathy Giles는 아이가 잃어버린 조각을 연결하도록 돕는 방법을 설명한다. "입양 아동들은 아이로 머물러 있지 않습니다. 그들은 성장합니다. 입양아의 인생에서 '어른들'이 중요하게 생각하는 사안은 다음과 같습니다. '과연 나는 아이들이 건강하고 온전하게 성장하리라 확신하는가?', '아니면 비밀이나 장애물, 혹은 소유욕이나 두려움으로 아이들을 어렵게 만들거나 옭아매지는 않을까?' 개인적으로 나는 아이에게 전자의 역할을 하고 있는 것 같습니다. 나는 최고의 조력자이며, 그들의 팬클럽 회장이자, 치어리더 단장입니다."

자기를 노출하도록 격려하라

입양인은 자기 노출, 즉 믿을 수 있는 사람에게 '타인이 모르는 자아'의 모습을 어떻게 드러내야 하는지 배워야 한다. 이를 통해 입양인이 타인을 신뢰하는 법, 위안과 희망을 얻는 법, 그리고 의미 있는 관계를 이어가는 법을 배울 수 있기 때문이다. 입양 지지 모임은 입양인이 자기 노출을 연습할 수 있는 아주 좋은 환경이다. 입양 삼자, 즉 입양 부모, 생부모, 그리고 입양인을 위한 지지 모임들이 이미 많이 있다. 연장아로 입양된 성인을 위해 특별히 조직된 모임들 또한 급증하고 있다.

무조건적으로 사랑하라

입양 자녀는 정체성의 많은 측면들, 곧 성격적인 특성, 타고난 재능, 재주, 성향, 지능 그리고 심리학적 기질 등을 이미 가지고 당신에게 온다는 것을 명심하라. 당신이 할 일은 아이가 이미 갖고 있는 있는 특질을 잘 길러 주고 살려 주며, 아이가 충분히 사랑스럽다는 것과 있는 모습 그대로 사랑받고 있음을 알려주어, 아이를 재차 안심시키는 것이다. 토마스 멀론Thomas Malone 박사와 패트릭 멀론Patrick Malone 박사는 ≪친밀함의 기술≫에서, 통합을 경험한 입양인에게 영향을 미치는 부모의 사랑에 대해 기술했다.

> "사랑해."라는 말은 매우 특별하고 견고합니다. 이것은 지금 이 순간 한 인간으로 존재하는 모습 그대로의 자녀를 받아들일 뿐만 아니라 또 그렇게 하도록 격려하는 것을 의미합니다. 부모의 사랑이 충만할 때 자녀는 가장 온전한 인간이 됩니다. 자녀가 좋을 수도, 나쁠 수도 혹은 둘 다일 수도 있고, 다정하거나 화가 났거나 또는 둘 다일 수도 있으나 결국 내 아이는 그

자신입니다.

이것이 부모가 자녀에게 바라거나 기대할 수 있는 최선입니다. 그래서 부모는 자녀의 모든 아름다움과 모든 추함 속에서 자녀를 경험합니다. 부모가 기대하거나, 혹은 자녀 스스로 그래야만 한다고 느끼거나, 그렇게 되도록 만들어진 모습이 아닌 진정한 자기 자신 말입니다.

당신은 아이가 자신의 숨겨진 부분들을 드러내고 그것을 온전하게 다시 연결하도록 돕는 법을 더 많이 알게 되었다. 이제는 과거로 인한 혼돈과 상처를 통제할 수 있도록 아이에게 힘을 실어 줄 차례다.

14장
"나는 내게 힘이 있다는 것을 알아야 해요."

당신은 이제 많은 입양인들이 자신의 가장 깊은 상처, 즉 자신의 존재를 있게 한 생부모로부터 부분적으로나 영구적으로 분리되었음을 인지할 때 느끼게 되는 무력감을 이해하게 되었다. 아이의 이러한 상처가 치유되도록 도우려면, 아이 스스로의 힘으로 자신의 삶을 건강하게 통제할 수 있도록 지속적으로 가르쳐야 한다. 부모는 아이의 발달 과정 중 특정한 시점에서 마치 독수리가 새끼에게 나는 법을 가르치듯이 자신의 자녀를 가르쳐야 할 의무가 있다.

독수리들은 높은 산 위나 나무 위 높은 곳에 둥지를 튼다. 막대기와 나뭇가지를 가져다가 둥지를 짓고 새끼들을 위하여 둥지 안에 부드러운 것들을 깐다. 새끼들이 자라면, 어미는 한때 새끼들을 편하게 해 주었던 부드러운 속을 뜯어낸다. 새끼들이 한창 둥지를 불편하게 느낄 때, 어미새는 새끼들 위에서 날개를 파닥거려, 새끼들이 고통스러운 둥지의 느낌에 집중하지 않고 어미의 날갯짓에 주목하게 한다. 어미가 날개를 넓게 뻗으면 새끼들은 어미의 힘에 경탄한다.

새끼들이 나는 법을 배울 준비가 되면, 어미는 둥지 가장자리에 서서 새끼들이 올라탈 수 있도록 날개를 아래쪽으로 늘어뜨린다. 그리고는 한 번에 하나씩 태운다. 새끼들은 어미의 날개 위에서 잠시 동안 안전하고 안정된 느낌으로 비행하지만, 어미가 갑자기 요동을 치면 새끼들은 공중에서 날개를 푸드덕거리며 땅으로 굴러떨어지게 된다.

어미는 새끼들을 잘 지켜보고 있다가 새끼가 자포자기할 시점에 이른 것을 보면 쏜살같이 내려가 날개로 새끼를 받는다. 이 과정은 새끼가 나는 법을 터득할 때까지 반복된다.

당신이 입양 자녀를 위해 보금자리를 준비할 때도 이와 같지 않았는가? 당신이 지은 보금자리가 상실이라는 막대기와 가시로 이루어졌지만, 최대한 따뜻하고 편안한 가정을 만들기 위해 당신이 할 수 있는 것이라면 무엇이든 했다. 당신은 한밤중에 일어나 기저귀를 갈아 주었고, 젖병을 데웠고, 나쁜 꿈을 꾼 아이를 달래 주었으며, 밤낮으로 아이를 즐겁게 해 주었다. 아이가 당신과 함께 보금자리 안에서 안정감을 느끼자, 당신은 보금자리에서 그 부드러운 것들을 조금씩 제거하기 시작했다. "너는 입양되었단다.", "아니야, 너는 엄마 배 속에서 자라지 않았어.", "그래, 널 낳아 준 엄마는 떠났지."

아이가 슬퍼하는 와중에 당신은 아이 위에서 날갯짓을 해서 아이가 엄마의 힘과 보호 능력을 알 수 있게 했다. "널 위해 엄마가 여기 있단다.", "엄마는 절대로 너를 버리지 않을 거야.", "엄마랑 있으니 너는 안전해."

이제 당신은 날개를 펼치고 아이는 올라탄다. 하늘을 향해 함께 날아오른다. 높이, 높이, 더 높이. 당신이 하늘 높이 날아오를 때, 아이 안에서 자신의 힘을 키우려는 욕구가 커진다. "나도 엄마처럼 나는 법을 배우고 싶어요."

아이가 당신을 보고 하늘을 나는 법을 배웠다는 확신이 들면, 당신은 갑

자기 휘청거리면서 자녀가 자신의 날개를 시험해 보게 한다. 어쩌면 그것은 어린이집에 다니는 것일 수도 있고 이웃을 방문하는 것일 수도 있다. 당신이 등에서 아이를 기울여 떨어뜨리면, 과거로부터 온 혼란스럽고 고통스러운 느낌이 아이의 영혼에 물밀 듯이 밀려든다. 버려짐, 외로움, 극심한 공포. 아이는 맹렬하게 날갯짓을 하며 엄마가 보여 준 대로 자기 힘으로 날아오르려고 용감하게 도전한다. 아이가 거의 한계에 다다를 무렵 당신은 급강하하여 아이를 다시 한번 받아 안고, 아이는 당신의 능력 안에서 쉼을 얻는다.

이윽고 아이는 힘을 얻는 법을 배운다. "나는 더 이상 피해자가 아니야!", "나에겐 선택권이 있어!", "나는 과거에 상실을 경험했지만 이젠 안심해도 괜찮아.", "나를 사랑하는 사람들과 떨어져 있더라도 안전함을 느낄 수 있어.", "나는 날 수 있어!"

아이가 힘을 가지도록 부모가 도우려면 부모는 반드시 세심한 균형 감각을 가지고 있어야 한다. 부모는 아이를 보호하기도 하지만 때로는 보금자리의 부드러운 것들을 다정한 손길로 제거하여, 자녀가 새로운 위험을 감수하고 날아오르도록 격려한다. "넌 할 수 있어!", "네가 네 인생에서 원하는 건 무엇이든지 할 수 있단다.", "네 미래를 위해 무엇이든지 선택할 수 있어."

아이가 고통스러운 과거에서 희망찬 미래로 옮겨 가게 하려면, 아이에게 개인적인 경계선이 중요하다는 것을 반드시 가르쳐야 한다. 헨리 클라우드Henry Cloud와 존 타운센드John Townsend 박사에 따르면 경계선은 우리를 규정짓는다. 경계선이란 어디까지가 나이고 어디까지가 내가 아닌지를 규정하는 것이다. 어디에서 내가 끝이 나고, 어디서부터 다른 사람이 시작되는지를 알려 준다.

타운센드 박사와 클라우드 박사는 그들의 저서 ≪경계선≫에서 경계선 발달의 3단계를 묘사했다. 부화(엄마와 나는 똑같지 않아.), 연습(나는 무엇이든 할 수 있어!), 그리고 회복(내가 모든 걸 다 할 수는 없어.)이 그것이다. 이 기본적인 접근을 입양에 적용하여 보겠다.

≪경계선≫의 서문에 저자들은 성공적으로 유대를 맺는 것이 경계선을 설정하는 기초가 된다고 기술하였다. 유대 관계를 맺지 않으면 기초가 무너지고, 안정감과 소속감이 손상된다. 이 단계의 아기는 자아 개념이 없다. '엄마랑 나는 똑같아.'라고 생각한다. 엄마와의 이러한 초기 결합을 통해 아이는 세상이 안전하다고 느끼게 된다.

잠시 당신의 아이를 생각해 보라. 아이의 환경이 얼마나 좋은지에 상관없이 친권 포기는 아이로부터 공생 관계를 앗아갔다. 아이는 태어난 후 안전하고 경이로운 관계 속에서 쉼을 얻을 충분한 기간을 갖지 못했다. 아이가 신뢰를 배우기도 전에 관계는 끝나 버렸다. 아이의 날개가 날 기회를 갖기도 전에 부러져 버린 것이다. 아이가 생모와 유대 관계를 맺을 기회를 갖고 자연스럽게 개인적인 경계선을 발전시키기 전에 아이의 기초가 무너졌기 때문에 부모는 각 발달 단계에 개입하여 아이가 고유한 개성을 찾을 수 있도록 가르쳐야 한다.

입양된 아이가 배워야 할 세 가지 기본적인 경계선이 있다. 첫째는 '생모와 나는 달라'이다. 아이가 친권 포기의 과정이 어떠했는지를 배우면 피해의식에서 벗어나 주도적 힘을 갖게 된다. "나랑 생모는 하나였지만 이제는 그렇지 않아.", "생모의 삶의 방식과 선택이 나의 정체성을 결정하지 않아.", "나는 나 자신이야."

두 번째 경계선은 '입양 엄마와 나는 똑같아'이다. 이 유대는 부모가 입양 상실을 아이와 함께 슬퍼할 때 부모와 자녀 사이에 생긴다. "엄마도 네가 내 배 속에서 자라지 않았다는 것이 슬퍼.", "엄마도 네가 생모를 잃은 게 슬퍼."

아이가 배워야 할 세 번째 경계선은 '입양 엄마와 나는 똑같지 않아'이다. 부모가 사랑과 수고로 양육하여 아이가 부모와 애착을 형성하고 가족 안에서 안정감을 느끼게 되면, 부모는 아이가 위험을 감수하고 더 넓은 세상을 탐험하도록 격려해야 한다. 아이가 가장 즐겨 말하는 문장은 "나 혼자 할 수 있어."가 될 것이다. 마침내 아이는 주도성을 갖는 것이 좋은 일임을 배우게 된다. 이 시점에서는 부모가 아이의 감정을 잘 반영해 주는 것이 가장 중요하다. 아이가 기뻐할 때 함께 감격하라. 아이가 즐거움을 느낄 때 함께 기뻐하라. "와, 정말 잘했는데!", "넌 정말 훌륭해!"

그 다음은 '난 뭐든지 할 수 있어'의 단계다. 경계선은 18개월부터 3세까지 발달된다. 당신과의 연결로 되돌아가기도 하지만 이번에는 다른 수준이다. 아이는 좀 더 독립된 존재로 당신과 소통하기 시작한다. 부모와 자녀는 서로 다른 생각과 감정을 가진 두 명의 독립적인 인간이다. 이 점을 통해 아이는 자신의 힘을 인지하게 되고 이 세상에서 자신이 더 이상 무기력한 존재가 아니라는 것을 이해하게 된다.

부모가 할 수 있는 것

아이가 안심하고 "싫어요"라고 말할 수 있게 하라

물론 아이가 모든 것을 선택하도록 허락하지는 못하겠지만, 아이는 '거절

목록'을 만들어도 괜찮다. 물론 부모는 이를 경청하고 존중해야 한다. "오늘은 입양 이야기하고 싶지 않아요.", "입양아가 아닌 아이들과 조금이라도 다르게 대하지는 말아 주세요.", "낳아 주신 분을 내 인생 뒷전에 두고 싶진 않아요."

"싫어요"라고 말하는 것은 아이가 좋아하는 것과 좋아하지 않는 것을 구별하는 데 도움이 되고, 아이 스스로 선택할 수 있는 권한을 부여하며, 자기 인생에 대한 통제력을 회복시켜 준다.

아이가 "아니요"라고 말할 때도 "네"라고 말할 때만큼이나 사랑스럽다는 것을 알려 주라

아이가 "아니요"라고 말할 때 아이를 향한 당신의 사랑을 거두지 말라. 계속 아이와 연결된 상태로 지내라. 이것이 당신에게 무리한 요구일 수도 있지만, 결국에는 결실을 맺게 된다.

내 딸이 일곱 살이었을 때, 화가 난 채로 등교하던 아침을 잊을 수 없다. 아이가 분노를 표출했을 때, 나는 아이를 안고 "네가 화낼 때도 평소처럼 널 사랑해."라고 말했다. 처음엔 딸아이가 저항했지만 곧 내 팔에 안겨 누그러졌다. 아이가 자신의 모습 그대로 사랑받고 있다는 것을 분명히 느끼면, 아이의 내면은 단단해지며 힘이 생기게 된다.

아이에게 용서를 가르치라

많은 입양 아동들이 쓰리고 분한 마음을 품고, 자신이 무기력한 것은 친권 포기 때문이라고 말한다. 그들은 용서의 힘을 맛본 적이 없다.

용서는 쉽게 이루어지지 않으며, 보통은 미움과 아픔, 분노와 눈물을 거친 후에 찾아오는 치유의 마지막 단계이다. 용서를 부정과 혼동해서는 안 되며, 고통을 미성숙하게 다루면 용서를 배울 수 없게 된다. 용서는 고통 뒤에 있는 목적을 이해할 때 보이는 길이다. 용서는 양탄자를 볼 때 뒷면으로 보는 것이 아니라, 앞면에서 보기 시작하는 것과 같다. "너의 생모는 그 상황에서 최선을 다했을 거야.", "그녀도 역시 아팠을 거야.", "내 아이들이 언젠가 나를 용서하길 바라는 마음처럼, 나도 나의 생모를 용서했어요."

말하고 말하고 또 말해 주라!

세 살배기 쌍둥이 손자들은 종종 뭔가를 한 뒤 나에게 말한다. "난 큰형아예요!" 나는 빙그레 웃으며 "그래, 넌 정말 큰형아지!" 하고 얘기한다. 이것이 바로 당신이 입양 자녀에게 최대한 많이 말해 주어야 하는 메시지이다.

진 일슬리 클라크Jean Illsly Clarke와 코니 도슨Conny Dawson은 그들의 명저 ≪다시 성장하기≫에서 입양 아동을 위해 특별히 만든 7가지 선언을 제안했다.

- 난 너와 교감하기 위해 최선을 다할 거야.
- 나를 믿어도 돼.
- 너는 나를 밀어 낼 수 있지만 관계를 끊도록 두진 않을 거야.
- 나는 너와 내 자신을 보살필 거야.
- 우린 둘 다 진실을 말할 수 있으며, 우리 자신의 행동에 책임을 져야 해.
- 네 뿌리와 과거가 알고 싶다면 도와줄게.
- 네 모습 그대로 사랑스러워.

아이가 점차 자신의 힘과 온전함으로 세상을 살아가는 법을 배워 갈수록 부모가 할 일은 줄어들 것이다. 그때쯤이면 당신은 상처 입은 당신의 아기 새에게 자신의 힘이라는 선물을 주었을 것이다.

아이는 자신의 부러진 날개가 치료될 수 있다는 것을 배웠으므로, 이제는 아이가 자신의 다름을 인정하고 기뻐하는 법을 배워서 자신을 더욱 굳건히 세워 나갈 때이다.

15장

“내가 부모님을 닮았다거나 부모님처럼 행동한다고 말하지 마세요. 우리의 다름을 인정하고 기뻐해 주세요.”

나의 부모님과, 친구들, 친척들이 나누었던 입양에 관한 대화들을 희미하게 기억한다. 드물긴 했지만 주로 내 사진과 부모님의 사진을 볼 때 그런 대화를 나누었는데, 사진을 보는 사람이 엄마에게 호들갑스럽게 “어쩜, 얘가 검은 머리카락, 갈색 눈, 올리브색 피부까지 너랑 꼭 닮았니! 너도 입양했다는 걸 깜빡 잊겠어.”라고 말하곤 했다.

이런 식의 대화는 아이인 나에게도 어색하게 느껴졌다. 그 당시 내가 당황스러웠다는 것을 또렷이 기억한다.

내가 입양되었던 1940년대에는 사회 복지사들이 제대로 이해하지 못한 상태에서 입양 부모들에게 “아이와 부모의 다른 점은 무시하세요. 그냥 아이가 부모를 닮았다고 하세요.”라고 조언했다. 타인종 입양과 국제 입양의 증가로 이런 식의 충고가 점차 줄어들고 있다 해도, 이런 조언들은 여전하다. 하지만 백인 부부가 중국 아기를 자기들과 닮았다고 할 수는 없지 않은가!

40년대가 어떠했든 간에, 내가 입양 당시에 들었던 그런 입에 발린 충고는 부정에 불과하다. 생물학적 뿌리, 출생, 입양되기 전 역사에 대한 부정, 아이 자체에 대한 부정 말이다.

조앤 스몰Joanne Small은 ≪공공 복지≫에 기고한 글에서 이러한 부정을 다음과 같이 묘사했다. "아이의 기본적인 자아감은 잘못된 신념 체계를 중심으로 발달합니다. 이러한 신념은 부모에게서 태어났다는 것과 입양되었다는 것 사이에 차이가 있음을 부정합니다. 이런 상황이 발생하면 모든 가족 구성원들은 자기도 모르게 부정 과정에 종속되고 맙니다. 이 과정은 알코올 중독 가족 안에서 일어나는 종속과 유사합니다."

입양인은 "넌 우리랑 정말 닮았어."와 같은 표현을 다음과 같이 해석할 수 있다.

- 넌 우리랑 닮아야 해.
- 너의 출생과 출생 가족은 나빠.
- 넌 너의 감정에 솔직하면 안 돼.
- 네 자신이 되는 것만으로는 부족해.

이 시점에서 당신은 좋은 뜻이었지만 부정에 근거한 말을 했던 것이 기억나 민망할 수도 있겠다. 하지만 낙심할 필요는 없다. 당신의 실수가 치명적인 것은 아니다. 그러나 당신이 가지고 있던 신념이 무심코 아이에게 무가치하다는 메시지를 주고 있지는 않은지 잠시 생각해 보자.

대부분의 문화에서 가족끼리 닮았다는 것은 가족을 가족답게 만드는 가장 중요한 요소 중 하나라고 생각한다. 뺨의 보조개, 위로 올라간 발톱과 땅딸막한 발가락, 다부진 체격과 작은 발, 가족 간의 이 작은 유사점들은 우리에게 소속감을 주며, 우리와 닮았던 수많은 조상 계보를 잇는 일원임을 느끼게 한다. 그것은 우리에게 연결되어 있다는 안정감을 준다.

그러나 만나 볼 수 있는 조상도 없고 신체적으로 마음에 들만한 닮은 점도 없는 입양인들은 어떠한가? 닮은 사람이 아무도 없는 당신의 입양 자녀는 많은 친척들의 모임 가운데, 어디에서 소속감을 찾는단 말인가? 학교 민족의 날 행사 때 민족 음식을 가져가야 하는데 아무것도 가져갈 수 없는 입양인은 어떠한가?

다르다는 것은 입양에 있어서 중요한 문제이다. 다른 점은 수치심의 근원이 될 수도 있고, 혹은 입양 전 과거와 입양인의 연결 고리를 알아야겠다는 동기를 부여할 수도 있기 때문이다. 다르다는 것이 수치심의 근원이 된 경우를 이야기해 보자.

얼마 전에 한 입양인 친구와 나는 어떤 입양모를 만났는데, 그녀는 자기 아이의 피부색이 다르다는 사실을 어떻게 다루었는지 이야기했다. 그 입양모가 말하기를, 네다섯 살 정도된 자신의 아이가 천진난만하게 "엄마, 나는 왜 갈색 피부고 엄마는 하얀 거예요?"라고 물었을 때, 그녀는 "네 피부가 갈색인 건, 어렸을 때 습진에 걸려서 그렇단다. 아가야."라고 대답했다고 말했다. 정말 어처구니가 없는 대답이었다.

당연히 친구와 나는 이 믿을 수 없는 대답에 숨이 턱 막혔다. 그 아이의 성인 시절을 들여다보자. 그가 이 가족과 사회 안에서 자신의 다른 점을 어떻게 바라보겠는가? 자신의 다른 피부색을 독특한 아름다움으로 바라볼 거라고 기대하기 어렵다. 대신 부정적인 방식으로 고립감을 느낄 것이다.

'우리는 그럴 염려가 없어요. 아이의 피부색은 우리랑 같거든요.'라고 생각할지도 모르겠다. 설사 당신의 아이에게 피부색이나 국적의 차이 같은 확연한 신체적 차이가 없다 하더라도, 모든 입양인들은 소중히 여기고 인정해 주어야 하는 생물학적 차이를 분명히 가지고 있다.

아이는 자신이 '알'에서 나왔다거나 외계인이 아니라는 것을 확인하고 싶은 열망을 가지고 있다. 아이는 자신이 삶을 살아가는 실체가 있는 진짜 사람에게서 나왔으며, 그가 자신의 인생에 영구적인 영향을 주는 중대한 결정을 내렸던 사람이라는 사실을 깨닫게 된다. 자신이 입양 가족과 '다르다'는 사실과 자신의 '원가족들'과 영원히 만나지 못하게 될 거라는 사실을 직면할 때, 만감이 교차하는 것은 당연하다. 아이는 한편으로는 당신과 다르고 독특하다는 점을 명예롭게 여기고 싶기도 하지만, 다른 한편으로는 자신의 존재에서 잃어버린 부분과 연결되기를 열망한다. 이제 아이의 다른 점을 중점적으로 살펴보겠다.

'다름'을 인정하라

당신과 입양 자녀는 신체적, 정서적, 성격적으로 어떻게 다른가? 곧바로 생각나는 점이 있는가? 체형은 어떻게 다른가? 당신은 작고 다부진 체형인 반면 아이는 길쭉하고 마른 체형일 수 있다. 외모는 어떠한가? 자녀는 미스코리아감인데 당신은 평범한가? 음악적 취향은 어떠한가? 당신은 베토벤과 바흐를 좋아하는데 자녀는 컨트리 뮤직이나 로큰롤을 더 좋아할 수도 있다. 여가 활동은 어떻게 다른가? 당신은 모든 종류의 스포츠에 참여하기를 즐기는데 자녀는 집에서 그림 그리는 걸 더 좋아할 수도 있다. 어떤 음식을 좋아하는가? 당신은 식도락을 즐기는 미식가인데 자녀는 깡통에 든 즉석 요리를 좋아할 수도 있다. 다른 점은 끝이 없다.

입양 부모로서 당신은 이러한 다른 점들을 어떻게 다루는가? 자기에게 솔직해보자. 이런 차이점이 드러날 때 다소 당황스러운가? 아이의 관심사나 취향이 당신과 비슷하기를 바라면서 속으로 아이가 조금 이상하다고 생각하는가? (웃지 마시라. 많은 입양 부모들이 이렇게 느낀다.) 아니면 다른 점을 인식하고, 다름을 솔직하게 인정하며 기뻐하는가?

다름을 즐기는 것은 그것을 인식하는 것에서 시작된다. 아이의 독특성을 확인하고 인정하기 위해서는 당신의 아이를 진짜로 **들여다보아야** 한다. 시간을 들여 아이를 부지런히 연구하라. "내가 널 감시하고 있어."라는 식의 부정적인 태도가 아니라 "넌 나에게 정말 소중해."라는 태도로 바라보라. 그러면 자녀는 다르다는 것을 부끄러운 것이 아니라 사랑받고 있는 표시로 받아들이게 된다.

어떤 다른 점들을 찾아야 할까? 여기 몇 가지 예가 있다.

- 어떤 음식을 좋아하는가?
- 어떤 친구들을 선택하는가?
- 성격이 긍정적인가 부정적인가?
- 여가 시간에 무엇을 하고 싶어 하는가?
- 어떤 체형을 가졌는가?
- 어떤 것을 무서워하는가?
- 사랑과 애정 표현을 어떻게 받아들이는가?
- 어떤 음악을 좋아하는가?
- 곱슬머리인가, 직모인가?

• 느긋하고 여유 있는 편인가, 아니면 쉽게 긴장하고 진지한 편인가?

자녀를 주의 깊게 관찰하다 보면, 현재의 기호를 알 수 있을 뿐 아니라 생모와 함께 한 태아기 동안에 생긴 기호나 성향도 짐작할 수 있다. 나는 이러한 유사점들이 생물학적 가족과 신비롭게 이어진 것이라고 믿는다. 그러나 이런 유사점들이 입양 가족 안에서는 자녀와 입양 부모 간에 다른 점이 된다. 한 입양인은 이것을 잘 표현했다. "나는 입양 부모님과는 통하지 않는 부분들이 있어요. 이 별난 버릇들이 어디에서 왔는지 궁금해요."

예를 들어, 나는 케첩을 정말 좋아한다. 계란에도 케첩, 스테이크에도 케첩, 거의 모든 음식에 케첩을 뿌려 먹는다. 나를 잘 아는 사람들은 내가 식사하러 가면 케첩이 어디에 있는지 말해 준다. 이것은 분명하며 부정할 수 없는 것으로, 일생 동안 변함없는 나의 기호이다.

나의 입양 부모님은 나와 입맛이 달랐기에 저녁 식사를 할 때 항상 소외감을 느꼈다. 만일 나의 입양 부모님이 입양 전 상황을 인정하는 법을 배우셨더라면, 나의 기호가 생물학적 역사의 소산이라고 이해하실 수 있었을 것이다. 또한 이러한 다름을 인정해 주고 기꺼이 받아들이셨을 것이다. 그랬다면 부모님이 "너의 출생 가족 중 누가 그렇게 케첩을 좋아했는지 궁금하구나!"라고 말씀하셨을 수도 있다. 내가 이러한 말을 들었다면 현재 나의 선호와 관련이 있는 생물학적 영향력을 인식하는 데 도움이 되었을 것이다.

7년 전에 생모를 만났을 때, 생모와 나는 고급 레스토랑에 저녁을 먹으러 갔다. 쑥스럽긴 했지만 나는 스테이크에 뿌려 먹을 케첩을 부탁했다. 케첩이 도착한 다음, 나는 생모도 자신의 스테이크 위에 케첩을 들이붓는 것을 보고 깜짝 놀랐다. 그날 밤 여덟 명이 있던 식당에서 케첩을 뿌려 먹고 있는 사람은 단지 우리 둘뿐이었다. 정말 믿을 수 없었다! 생모와 내가 공유하고 있는 케첩에 대한 무한한 애정은 우리의 생물학적 뿌리에서 물려받은 것이 확실하다.

인정이 입양인에게 미치는 영향

단순한 태도로 아이의 기호를 인정하고 공유하는 것은 아이에게 중요한 교훈이 된다. 다르다는 것은 열등하다는 것을 의미하지 않는다. 오히려 그가 아주 독특하고 멋지게 만들어졌다는 증거이다.

그러나 '생물학적 가족을 언급하는 것이 아이를 혼란스럽게 하지는 않을까?' 이 점이 염려될 것이다. '잃어버린 사람들과의 생물학적 연관성을 떠올리게 하는 것이 아이를 속상하게 하지는 않을까?', '아이와 우리 사이의 다른 점을 끄집어내는 것이 우리 가족과 아이를 멀어지게 하는 것은 아닐까?'

위의 질문에 대한 대답은 '아니요'이다. 다름을 인식하는 것은 당신이 아이와 만나기 훨씬 이전부터 존재했던 정서적인 실제를 인정하는 것이다. 아이가 이미 자기 마음속으로 진실이라고 여기는 것을 당신이 인정하는 것이다.

베티 진 리프톤Betty Jean Lifton 박사는 ≪입양인의 자아 탐색≫에서, "입양 부모들이 자신의 생물학적 자녀와 입양 자녀 사이의 다른 점이 있다는 현실을 부정할 때, 부모는 그것이 입양 자녀에게 부모의 사랑을 확인해 주는 것이라 생각하겠지만 실제로는 입양인의 현실을 부정하는 것입니다."라고 했다.

부모가 다름을 인정할 때, 아이의 억눌린 감정과 오랫동안 묻어 두었던 질문들이 표면화될 수 있음을 기억해야 한다. 다르다는 사실을 일찍이 알아차린 아이는 자신이 입양을 통해 두 쌍의 부모(자기가 닮은 부모와 닮지 않은 부모)를 갖고 있다는 의미를 인식하기 시작한다.

이런 생각들이 **너무나 감당하기 어려운 것**이라고 생각할 수도 있다. '엄마가 둘, 아빠가 둘이라고? 우리가 이 아이의 엄마 아빠야! 아이가 울면 달래 주고 한밤중에 더러운 기저귀를 갈아 준 사람이 바로 우리라고.'

당신이 무슨 말을 하는지 안다. 그리고 그것은 모두 사실이다. 그러나 아이의 현실은 낳아 준 부모와 가정을 제공하고 양육해 주고 사랑해 준 부모, 이 두 쌍의 부모를 가지고 있다는 것이다. 양쪽 다 매우 중요하다. 다름을 인정하는 것은 입양 부모도 자녀의 입양 전의 삶을 중요하게 여긴다는 메세지를 준다. 당신의 아이가 한 남성 입양인이 내린 다음과 같은 결론에 이르도록 만들지 말라. "생물학적 유산은 금기된 주제였어요. 나를 가장 괴롭혔던 것은 내 입양 부모님이 그것에 대해 말하지 않으려는 것이었어요. 그 주제가 나오려고 하면 즉시 화제를 바꾸고는 나를 '측은하게' 바라보곤 했는데 그게 너무 짜증났어요."

다름을 인정하는 것이 아이의 건강한 자존감의 기초가 된다는 점을 명심하라. 다름을 인정하고 아이에게 자신의 과거는 무시되어서는 안 되는 소중한 것이고, 그 과거는 현재와 미래를 위한 중요한 열쇠가 된다는 것을 가르쳐 주자.

부모가 할 수 있는 것

다름을 지나치게 강조하지 말라

다름을 인정하되 지나치게 강조하지는 말라. 다름에 대한 이야기는 좋은 타이밍에, 아이를 격려하기 위할 때에만 해야 한다.

또한, 입양 부모의 유산과 전통을 희생시키면서까지 아이의 다름을 지나치게 강조하지 않도록 조심해야 한다. 지나치게 강조하면, 다름을 인정하려는 당신의 노력이 해로운 결과를 낳게 되어 아이는 오히려 수치심을 느끼게 될 것이다(부정적인 의미로 '나는 달라').

아이에게 자신의 다름을 즐기는 법을 가르치라

다름을 인정하는 것에 대한 이 모든 논의가 매우 복잡하게 들릴 수 있다. 실제로 이것은 복잡한 일이다. 다름을 인정하는 것은 입양 부모가 마주한 가장 어려운 도전 중 하나이다. 그러나 당신은 할 수 있다! 당신은 입양 아동을 양육하는 법을 공부하기로 결정했다. 이는 장기적인 관점에서 당신의 아이가 깊은 바다를 항해하도록 도울 수 있다. 입양 부모로서 당신의 궁극적인 목표는 아이가 당신의 보호 아래 있는 아동기뿐만 아니라 성인으로 성장하는 과정에서도 자신의 다름을 즐길 수 있도록 가르치는 것이다.

아이에게 자신의 다름을 누리는 법을 가르칠 때 유용한 비유를 소개하고자 한다. 아이에게 이야기를 들려주기 전에 빨간색, 초록색, 보라색 세 개의 실을 준비하라. 그리고 나서 당신 자신의 말이나 다음의 비유를 인용하여 아이의 이중적인 유산에 대해 들려 주어라.

옛날 옛날, 아주 아주 오래전에, 하나님께서는 빛나는 실로 된 아름다운 매듭을 만들기로 작정하셨어. 비밀 장소에서 짠 그 매듭을, 하나님은 "입양"이라고 부르셨어.

실은 각각 다른 색이었는데 하나는 짙은 보라색, 또 하나는 깊은 초록색, 그리고 세 번째는 강렬한 빨간색이었지.

각각의 실은 목적을 가지고 있었지. 각자 꼭 필요한 역할을 했고, 동시에 다른 두 개의 실과 구별되는 고유함도 가지고 있었어.

초록색 실은 입양인의 삶에 깊은 영향을 줬지만 잊혀지기 쉬운 생부모의 헌신을 나타낸단다.

보라색 실은 하나님이 주신 생명의 선물을 생부모로부터 넘겨 받아 양육하도록 선택된 입양 부모를 나타내지.

빨간색 실은 입양인을 나타낸단다. 타고난 것과 양육된 것이 잘 엮어져 엄청난 잠재력을 가진 놀라운 사람 말이야.

자녀의 나이에 맞는 언어로 설명해 주라.

입양인으로서 네가 맞서야 할 도전은 초록색, 보라색, 그리고 빨간색 실을 엮어 나가는 방법을 배우는 거란다. 이것은 결코 쉬운 일이 아니지. 그러나 생물학적 가족과 입양 가족에 대해 긍정적인 사실이든 부정적인 사실이든 더 많이 알아갈수록 너의 성장 가능성은 더욱 커질 거야.

입양 자녀가 이 삼색 매듭을 잘 땋을 수 있도록 돕는 것은 부모의 몫이다. 또한 아이가 생물학적 가족과 입양 가족으로부터 받은 다양한 것들을 부정적인 것이든 긍정적인 것이든 모두 기억할 수 있도록 도와야 한다. 여기에 아이의 생각을 이끌어 낼 수 있는 몇 가지 아이디어가 있다.

- 생모에게 물려받은 아름다운 피부
- 출생 가족으로부터 온 창의성과 예술성
- 생모에게 받은 거절감과 버려짐의 감정
- 출생 가족에게서 온 유전적 질병
- 입양 가족이 준 가정과 나를 사랑해 주는 가족들
- 입양 가족이 준 소속감
- 입양 가족이 준 형제자매들

이러한 것들이 오늘날의 자신이 되는 데 어떤 도움을 주었는지 아이가 말로 표현할 수 있도록 도와주라.

- 생모가 준 아름다운 피부는 내 몸을 있는 그대로 받아들이도록 도와줘요.
- 출생 가족으로부터 온 창의성과 예술성은 만족스런 예술 활동의 성취물로 드러나요.
- 생모가 준 거절감과 버려짐의 감정은 생애 초기 경험을 넘어 나의 가치를 되돌아볼 수 있게 해줘요.
- 출생 가족으로부터 온 유전적 질병은 필요한 의학적 도움을 받게 해요.
- 입양 가족이 준 가정과 가족은 나에게 안정감을 줘요.

- 입양 가족으로부터 온 소속감은 위험을 감수할 있게 도와주고 다른 사람에게 다가갈 수 있게 해 줘요.

이러한 비유는 입양 과정에 포함된 모든 사람들을 존중하는 마음을 갖게 한다.

민족적, 인종적 차이를 인식하고 긍정하라

당신이 국제 입양이나 타인종 입양을 했다면, 다름을 인정하는 방법에 특별히 관심을 기울이는 것이 바람직하다. 자녀의 유산을 포용하고 즐기는 여러 가지 방법들이 있다.

- 아이의 고국이나 친척을 방문한다.
- 아이의 고국과 유산에 관한 책을 구입한다.
- 아이의 문화권에 해당하는 전통 음식을 요리한다.
- 아이가 입양되기 전에 지냈던 보육원이나 위탁 가정을 찾아본다.
- 아이의 나라나 민족을 나타내는 전통 의상을 만들어 본다.
- 아이의 생물학적 가족의 조상 묘에 헌화한다.
- 아이와 같은 피부색을 가진 인형을 산다.
- 아이가 처음에 왔을 때 입었던 옷을 특별한 상자에 넣어 두고, 꺼내 볼 수 있게 한다.
- 아이의 원래 이름을 중간 이름으로 사용한다.
- 아이가 자신의 결함 때문에 입양된 것이 아니라 생부모가 기를 수 없어서 입양된 것이라는 설명이 있는 편지를 고국의 입양 기

관에서 받게 한다.

나는 도리스 샌퍼드Doris Sanford와 그레이시 에번스Graci Evans가 쓴 ≪브라이언은 입양됐어요≫라는 훌륭한 책을 강력히 추천한다. 이 책은 국제 입양에 대한 모든 이슈들을 진솔하고 공감적인 태도로 다루고 있다.

입양 부모와 입양 자녀 사이의 다름을 인정하려면 입양 부모의 희생적인 사랑이 필요하다. 그것은 과잉보호와 생부모에 대한 질투심, 그리고 언젠가 아이가 생부모와의 만남을 원할지도 모른다는 두려움과 같은 감정을 제쳐두는 것을 의미한다. 이는 근본적으로 부모의 바람을 내려놓고 항상 아이를 우선 순위에 두어야 함을 의미한다.

당신이 아이에게 자신의 다름을 기뻐하도록 가르칠 때 아이는 비로소 가족과 세상 속에서 자기 자신으로 존재하는 방법을 배우게 된다. 다음 장에서는 이러한 과정에서 아이를 어떻게 격려할 수 있는지를 다루도록 하겠다.

16장

"진짜 내 자신이 되도록 도와주세요. 하지만 저를 엄마 아빠로부터 내치지는 마세요."

모든 자녀들은 부모와 자신을 구별하기를 원하고 그런 후에 부모와 새로운 유대를 맺음으로써 자신의 개성을 찾고 성숙해지고자 한다. 아이들은 자신의 참된 모습을 찾기 원하며, 또 참된 자아가 되어야 한다. 입양 아동은 자율성을 추구하는 동시에, 입양으로 인한 혼란스런 감정을 말로 표현할 수 있는 안전한 장소가 필요하다.

입양 아동의 '개성화 과업'은 입양인의 이중적 정체성과도 관련이 있기에 복잡하면서도 독특하다. 독립을 위해 한 걸음씩 나아갈수록, 입양인은 입양 전의 과거를 더욱 또렷하게 의식하게 된다. 입양인이 입양 부모에게서 '분리'되는 것은 더 큰 트라우마가 될 수 있다. 입양인은 이미 자신의 의지와 상관없이 생부모로부터 분리되어 다시는 그들을 만나지 못하게 된 이력이 있기 때문이다(물론, 개방 입양이 아닌 경우를 말한다). 생애 초기에 충격을 경험한 입양 아동은 건강한 분리조차도 비입양 아동에 비해 더욱 힘겹게 받아들인다.

자율성을 향한 몸부림

입양 자녀가 부모와 다르게 참된 자아가 되려고 한 단계 나아가고 있음을 알려 주는 징후는 다양하다. 아이가 "**진짜** 엄마라면 이걸 허락해 줬을 거예요."라며 도전적으로 말할 수 있다. 아이는 출생 가족에 대하여 더 많이 생각하기 시작할 것이다. "그분들이 아직 살아 계시는지 궁금해요.", "저를 좋아할지 궁금해요.", "그분들에 대해 더 많이 알고 싶어요.", "만나 보면 좋겠어요."

자신의 정체성에 관한 근본적인 질문들이 떠오를 수도 있다. "나는 누구일까?", "입양과 엮인 나는 누구지?", "내 인생에 목적이 있는 걸까? 있다면 무엇일까?"

여러 감정들이 한꺼번에 밀려올 수도 있다. 열여섯 살의 로빈은 "중학생이 되자, 어느 순간 독립하고 싶은 마음이 들어서 집에서 나와 내키는대로 살았어요. 부모님이 통행 금지 시간을 정해 놓아 열 받아 있었거든요."라고 회상했다. 십 대 청소년들은 질풍노도의 시기를 보내며 자신이 진짜 원하는 관계를 찾기 위해 부모가 기대하는 것과는 전혀 다른 친구들을 사귀기도 한다.

아이가 자율성을 키워 가고 있음을 알려 주는 말들을 좀 더 살펴보자.

- "나는 왜 다른 가족들하고 피부색이 달라요?"
- "**진짜** 가족끼리는 통해요."
- "엄마 아빠는 **진짜** 가족이 아니잖아요."
- "엄마는 그냥 **입양** 엄마일 뿐이에요."
- "아빠도 **내** 아빠이긴 하죠."

- "**진짜** 부모님이 어떻게 생겼는지 궁금해요."
- "**진짜** 가족은 피를 나눈 사이잖아요."
- "저 임신했어요."

때로 이런 말들은 아이가 분노했을 때 튀어나오는데, 입양 아동의 분노는 자신의 삶을 직면하고 잃어버린 자신을 마주하는 과정의 일부이기 때문에 나타나는 것이다. 가끔씩 자녀가 적대적인 태도를 보이면, 부모는 자신과 자신의 양육 능력을 의심하게 된다. 하지만 속지 말자. 그런 격동은 부모 자신이나 부모의 양육 방식과 관련 있는 것이 아니라, 오히려 아이가 자신을 더욱 완전하게 알아 가는 과정과 관련이 있다.

입양인이 말하려는 것

솟구치는 감정, 깜짝 놀라게 하는 말, 정체성 문제 이면에는 아이의 입양 전 과거와 관련된 질문들이 있음을 인식하자. 아이는 입양 전 과거를 현재의 삶과 통합하려고 노력하는 중이다. 아이는 짜 맞추어야 할 다면적 정체성을 가지고 있고 그것을 전달하는 것에 어려움을 겪는다.

다음은 아이가 이야기하고자 하는 것들의 예이다.

- **진짜** 가족은 혈연으로 이루어진 거예요. ('나는 어디에 속한 거예요?')
- 엄마는 그냥 **입양** 엄마일 뿐이에요. ('나의 생모는 누구예요?')

- 엄마 아빠는 진짜 가족이 아니잖아요." ('내가 이중 유산을 가지고 있다는 걸 깨달았어요.')
- 생부모가 어떻게 생겼는지 궁금해요. ('나는 누굴 닮은 걸까요?')
- 진짜 엄마라면 내가 이걸 하게 뒀을 거예요. ('나는 생모에 대한 환상이 있어요.')
- 생모는 나를 사랑했기 때문에 나를 포기한 거예요. ('엄마도 나를 포기할 건가요? 사랑받는 것이 정말로 좋은 일이 맞나요?')
- 내가 나쁜 아기여서 엄마가 나를 버린 거예요. ('생모가 나를 사랑했나요?')
- 아빠도 일종의 아빠이긴 하지요. ('나에게는 아빠가 두 명이라는 것을 깨달았어요.')
- 올해는 학교에서 입양 이야기를 꺼내고 싶지 않아요. ('나는 입양된 게 아니라 '평범'하고 싶어요. 나는 슬퍼요.')
- 저 임신했어요. ('낳아 준 엄마와 연결되고 싶은데 이것 말고는 다른 방법을 모르겠어요. 나에게는 해결되지 않은 상실감이 있어요.')

입양 부모가 자녀 양육에 확신이 차 있어서 이런 말들을 한 귀로 흘려버릴 수 있으면 좋으련만 이런 당돌한 말들은 부모의 아픈 곳을 찌르곤 한다. 피셔와 왓킨스는 ≪어린 자녀와 입양 말하기≫에서 이러한 취약점을 다음과 같이 묘사한다. "대다수 입양 부모의 약점은 두려움입니다. 혈연 관계가 없는 자녀가 자신들과 다를 뿐만 아니라 결국 자신의 품을 떠날 것 같은 두려움 말입니다. **부모들은 자녀에게 버림받을까 봐 두려워하고 있습니다.**"

당신도 이러한 두려움을 느끼는가? 정직하게 자신을 들여다보라. 혹시 사랑하는 자녀를 잃는다는 생각만 해도 두려워 죽을 정도인가?

이 두려움은 지극히 정상적이다. 부모가 자신이 느끼는 이러한 두려움을 제대로 이해한다면, 부모는 자녀에게 정서적인 안식처가 되며 자녀가 고유한 개인으로 건강하게 성장하도록 도울 수 있다.

부모가 할 수 있는 것

자녀를 안심시켜라

입양 아동에게는 정상적인 유년기의 개성화 과정이 힘들 수 있기 때문에 아이가 어찌할 바를 모를 때에 부모가 곁에 있어 줄 것이라고 각별히 안심시켜 줘야 한다. 비록 몇 마디 말일 뿐이라도 부모가 자신의 마음을 알아준다면 아이는 많은 위로를 받는다. "네가 새로운 환경을 힘들어한다는 걸 엄마도 알고 있어. 네가 어떻게 할지 잘 모르겠고 외롭다는 생각이 들 때마다 엄마 아빠가 있다는 것을 꼭 기억해 줬으면 좋겠어. 우리는 항상 너와 함께 있을 거야."

아이를 안심시키는 말을 간접적으로 전할 수도 있다. 우리 딸들이 한참 자랄 때 우리 가족은 전하고 싶은 특별한 메시지를 쪽지에 써서 서로의 머리맡에 남겨 두곤 했었다.

스킨십 또한 부모의 마음을 표현하는 방법이 될 수 있다. 팔로 허리를 감싸 안거나 어깨를 두드리는 것, 윙크를 하는 것은 때로 말로는 표현하기 어려운 메시지를 전달해 준다.

평정심을 유지하라

감정의 소용돌이 속에서 거친 말들이 오갈 때, 평정심을 유지하도록 노력하자. 부모가 평정심을 잃지 않으려고 노력하면, 아이는 무언의 힘을 느끼고 분노를 표출하는 대신 내면의 온전한 질서를 찾게 될 것이다. 부모가 자녀 때문에 감정이 폭발한다면, 아수라장이 될 뿐이다.

깊은 웅덩이에 빠진 사람을 구하려고 애쓰고 있는 사람을 그린 그림을 본 적이 있다. 도우려는 사람은 웅덩이 안으로 내려가지 않고, 대신 무엇이든 튼튼한 것을 웅덩이 안으로 내려 천천히 웅덩이에 빠진 사람을 밖으로 꺼낸다. "네가 요즘 힘들어 하는 걸 알고 있어. 하고 싶은 말이 있으면 무슨 말이든 하렴. 엄마는 항상 들을 준비가 되어 있어.", "내가 어떻게 도와주면 좋겠니? 엄마는 네 편이라는 거 잊지 마."

아이의 호기심을 인정하자

서너 살 된 아이가 낳아 주신 엄마에 대한 질문을 하기도 한다. 취학 전 아이들은 인종적 차이를 궁금해한다. "나는 엄마 닮았어요. 나도 짧은 곱슬머리잖아요." 유치원 아이들이라면 "너도 입양됐어?"라고 물을지도 모른다. 브로진스키 박사와 섹터 박사는 저서 ≪입양됨: 평생에 걸친 자아 찾기≫에서 8세쯤에는 입양에 대한 긍정적인 감정들이 바뀐다고 말한다. "입양을 여전히 긍정적으로 느끼기는 하지만, 조금 더 큰 아이들은 이제 입양을 좀 더 어렵고 혼란스럽게 인식하고 경험하기 시작합니다. 그것은 상실감, 또는 자신은 다르다는 느낌과 관련이 있습니다."

또한 아이가 출생 가족에 대하여 궁금해한다고 해도 위협적으로 받아들이지 말라. 생부모에 대한 아이의 호기심은 입양 부모를 향한 아이의 사랑에 아무런 영향을 주지 않는다. 부모는 객관적인 태도를 취해야 한다. 그러한 궁금증은 아이가 자신과 부모를 구별하고, 자신이 처한 현실과 입양 전에 경험한 현실을 건강하게 분리하려는 징후일 뿐이다. 아이가 조금이라도 궁금증을 내비치면, 아이의 마음을 세세하게 살필 수 있는 질문들을 해 보자. 아이는 입양 부모뿐 아니라 출생 부모 또한 자신 편에 두어도 된다고 허락받는 셈이 된다. 이로써 아이는 부모로부터 독립하여 주체적으로 자신의 정체성을 찾게 된다.

내려놓으라

자율성을 배워 가는 자녀에게 부모가 줄 수 있는 가장 좋은 선물은 자녀를 대하는 초연한 태도이다.

우리 딸이 아기였을 때 밤중 수유를 끊고 밤새 자는 법을 배워야 할 시기가 있었다. 아기가 목청이 터져라 울어 대면, 살그머니 방으로 들어가 딸아이가 잠이 들 때까지 부드럽게 토닥여 주었다. 아기를 간신히 재우고 조심스레 돌아서자마자 아기는 자지러지게 울곤 했다. 자포자기하는 심정으로 아이를 달래며 밤을 새운 적이 부지기수이다.

그러던 어느 날 밤, 나는 마음이 아팠지만 단단히 결심했다. "나도 할 만큼 했어. 오늘 밤엔 아이가 울더라도 달래 주지 않을 거야. 그래야만 밤새 자는 법을 배우게 될 테니까." 나는 아이가 훌쩍거리는 소리를 들으며 밤새 뒤척였다.

엄마로서 얼마나 힘든 시간이었던지. 나는 딸아이를 위해 최선의 것을 주어야 했다. 젖을 먹이거나 달래 주지 않고 울게 내버려 두어서 밤새 혼자서 잠자는 법을 가르쳐 주었다. 게다가 아침에 아이가 잠에서 깨어났을 때 엄마가 곁에 있다는 것을 깨닫도록 했다.

아이가 자신만의 힘으로 새로운 단계로 넘어가려고 할 때 부모도 역시 스트레스를 받는다. 그러나 현명한 부모는 아이가 다음 단계로 나아갈 때 느끼는 두려움을 인정하고, 그와 동시에 부모가 절대로 아이를 내치지 않을 것이라고 안심시켜 준다.

아이가 독립된 인격체로 자라는 것과 관련된 또 다른 주제가 있는데, 바로 아이의 사생활에 관한 것이다. 부모는 지속적으로 자녀의 사생활을 존중해야 한다는 것을 이미 알고 있으리라 믿는다. 다음 장에서는 자녀의 소중한 사생활을 지혜롭게 다루는 방법을 다루고자 한다.

17장

"나의 사생활을 존중해 주세요. 나의 동의 없이 다른 사람에게 입양 사실을 말하지 말아 주세요."

입양에 대한 공개적인 태도가 건강한 입양의 초석이 되기는 하지만, 아이는 부모가 자신의 입양 사실을 무분별하게 밝히는 것을 원하지 않는다. 우리는 한 개인으로서 아이가 가지고 있는 특별함을 인정하고 그 진가를 알아보는 것이 얼마나 가치 있는 일인지를 이미 배웠다. 그러나 부모는 여전히 입양 자녀가 가족들과 분리되어 있거나 다른 사람들 눈에 '다르게' 보이지 않도록 주의할 것이다. 입양 아동들은 자신이 다른 아이들과 똑같기를 열망한다. 아이들 사이에서 '이상하다'는 것은 사형 선고를 의미하기 때문이다.

최근에 나는 한 입양모를 우연히 만났다. 가깝게 지내는 사이는 아니지만 그녀가 4년 전에 아들을 입양했다는 소식은 알고 있었다. 가게에서 그 엄마와 아이에게 인사를 건넸을 때 그 엄마는 태연하게 말했다. "우리는 조시의 입양을 완전히 공개해요. 만나는 모든 사람에게 조시를 입양했다고 말한답니다."

가슴이 철렁했다. 그 엄마는 자기 행동이 어린 아들에게 입양에 대한 부정적인 감정과 신념을 심어줄 수 있다는 것을 꿈에도 몰랐을 것이다. 그리고 실제로 그렇게 됐는지는 알 수 없다. 하지만 그렇게 공개적이고 무신경한 방식으로 아이의 입양 사실을 공개한다면, 아이는 **묘한** 불편함이나 발가벗겨진 느낌, 혹은 자신만 다르다는 느낌을 가질 수 있다. 부모가 입양 사실을 공개할 때 부모의 의도와는 다르게, 아이는 "너는 다른 가족들과 달라. 너는 우리와 다르니까 우리 가족에게 진짜로 속한 것은 아니야."라는 의미로 받아들일 수 있다. 이는 또한 자녀에게 '특별하게' 행동하고, '선택된 아이'로 자라나야 한다는 압박감을 주기도 한다.

신생아 때 입양된 성인 입양인 베벌리는 이렇게 말했다. "부모님이 나를 입양아라고 소개하신 적이 한 번도 없었지만, 만약에 그러셨다면 완전 싫었을 거예요. 나는 특별하거나 다르거나 튀어 보이는 게 싫거든요."

이혼한 부모의 아이를 '이혼 가정의 아이'로 소개하거나, 미혼모의 아이를 '한부모 가정의 아이'로 소개하지 않는 것과 마찬가지로, 입양을 통해 가족이 된 아이를 '입양된 아이'라고 밝히는 것은 아이에게 상처가 될 수 있다. 그것은 이미 상처 입기 쉬운 아이의 마음에 또다시 생채기를 내고 낙인을 찍는 것과 같다.

메리 왓킨스Mary Watkins와 수전 피셔Susan Fisher는 ≪어린 자녀와 입양 말하기≫라는 책에서 이렇게 설명했다. "미취학 연령의 아이가 '나는 입양된 게 싫어!'라고 소리라도 지른다면, 아이가 입양 기관이나 부모를 비난하며 공격하는 것이 아니라 또래 세계에서 중요한 사실 중 하나를 부모에게 말하고 있다는 것을 기억해야 합니다. 아이는 자기가 또래 친구들과 조금이라도 다르게 보이는 것이 싫다는 뜻입니다(물론, 여기서 다르다는 것은 자기 모습이 친구들에게 더 멋지게 보이는 경우가 아닙니다. 예를 들어, 자기만 유일하게 '조랑말'이 있는 경우라면 얘기가 달라집니다)."

사별 전문가로 활동하는 입양인 리처드 길버트Richard Gilbert 목사는 ≪보석 중의 보석: 입양 뉴스≫에 기고한 글에서 다음과 같이 말했다. "어떤 가족을 처음 만났을 때, 그 부모가 자녀들 중 한 명을 콕 집어 '입양아'라고 소개할 때마다 내가 다 민망해집니다. 이내 '저 아이의 마음에 어떤 상처들이 있을까?'라는 질문이 떠오릅니다."

그러면 입양된 아이라는 '꼬리표'를 붙여 상처를 주는 대신 아이가 가진 다름의 가치를 인정해 주는 방법은 과연 무엇일까? 비밀을 위한 비밀은 이 질문에 대한 해답이 아니다. 그것은 수많은 입양 가정에서 수 세대 동안 반복되었던 역기능을 가져올 뿐이다. 그러나 아이의 사생활을 존중하는 것은 바람직한 일이다. 아이는 가족의 온전한 일원이며 자신의 과거사를 비밀에 부칠 권리가 있다. 부모가 이에 대한 세심한 배려 없이 아이의 입양 사실을 임의로 밝혀서는 안 된다.

아이의 비밀을 존중하라

비밀 유지는 사생활 존중과 친밀함, 신뢰를 바탕으로 한다. 입양 부모가 비밀을 지켜 주는 것이 입양 아동에게 지극히 중요하다는 사실은 두말할 나위가 없다. 부모가 아이의 비밀을 지켜 줄 때 아이는 부모를 신뢰하고 솔직하게 대화하며 자신의 생각과 감정을 자유롭게 표현한다.

대부분의 입양 아동들이 자신이 입양되었다고 소개될 때 불편함을 느끼는 이유는 그들의 사적인 경계선이 공공연하게 침해되기 때문이다. 입양은 대부분의 당사자에게 매우 사적인 문제이며, 많은 입양인들이 자신의 입양 사실을 가까운 소수의 사람들에게만 알린다. 내가 보기에 입양 사실을 알아야 할 사람들은 입양 가족의 친지와 가까운 친구들 외에, 의료진이나 심리상담자 정도이다. 학교에서 가계도 그리기와 같이 가족과 관련된 특별한 과제가 있는 게 아니라면 학교 선생님도 입양 사실을 알 필요는 없다.

다음은 입양과 관련된 아이의 사생활을 존중하는 법과 아이와 소통할 수 있는 구체적 방법들이다.

- "네 허락 없이 너의 입양 사실을 다른 사람에게 말하지 않겠다고 약속해."
  타인종 입양의 경우라면 자녀가 입양됐다는 사실이나 입양의 세세한 내용들을 쉽게 대화의 주제로 삼지 않겠다고 말할 수 있다.
- "입양 사실을 누구에게 알릴 건지 네가 직접 정하렴."
  아이의 외모 때문에 입양 사실이 쉽게 알려지는 경우라면, 세세한 내용까지 밝힐 필요가 없다고 가르쳐 주라. 이 사실을 아이에게 자주 알려 주라.
- "의사에게 네 입양 사실을 말하려고 해. 의사가 입양 사실을 알아야 할 것 같아. 그래야 너도 솔직하게 말하고 도움을 받을 수 있잖아. 의사에게 말하기 전에 너는 어떻게 생각하는지 물어보는 거야."
- "절대로 너를 입양된 아이라고 소개하지 않기로 약속할게. 너를 입양한 날을 소중하게 생각해. 하지만 엄마가 낳은 아이들보다 네가 못하다는 의미로 받아들이지 않았으면 해."

아이와 미리 이러한 약속을 하면, 아이는 부모가 다른 사람들과 함께 있을 때에도 자신감을 느낀다. 부모가 자신의 입양과 관련된 비밀을 지키면, 아이는 부모를 신뢰하게 된다. 결국, 부모는 아이와 동행하며 아이에게 큰 위로와 용기를 주는 인생의 동반자가 된다. 자녀는 모든 발달 단계에서 부모를 신뢰할 수 있어야 한다.

부모가 할 수 있는 것

안전한 환경에서 입양을 말하라

아이에게 모든 일에는 알맞은 때와 장소가 있다는 것을 가르치라. 입양 이야기를 꺼내기에 적당한 상황이 언제인지 알도록 도와주라. "입양 이야기는 우리끼리만 있을 때 하는 게 가장 좋아.", "입양 이야기를 하고 싶을 때를 미리 알려 주면 우리끼리 이야기 할 수 있게 특별히 시간을 마련할게." 본보기를 통해 아이에게 사생활에 대한 개념을 가르치라.

다른 사람들이 하는 부적절한 말들을 효과적으로 처리하라

입양 가족이라면 아이의 입양에 관해 몰지각한 말이나 잔인한 말을 흔히 듣게 된다는 것을 이미 알고 있을 것이다. "얘 입양했어요?", "얘가 입양아예요?", "얘가 에콰도르에서 데려온 애죠?" 자녀는 부모가 이러한 질문을 다루는 방식을 보고 배워서, 훗날 다른 사람들과의 관계에서 경계선을 설정하는 데 본으로 삼는다.

다음의 질문과 대답은 부적절한 질문에 대처하기 위한 아이디어를 줄 것이다. 이것들을 예로 아이에게 가르치라.

질문: 아이와 동행하여 식료품점에 갔는데 아는 사람이 다가와 묻는다. "얘가 입양한 아이예요?"

대답: 불쾌하다거나 방어적인 태도를 취하기보다, 아이에게 비밀을 지키겠다고 약속한 것을 기억하라. 경솔한 상황에서도 정중한 태도를 취하며, 무례한 상황에서도 경계선을 지키는 모습을 아이에게 보여주라. 친절하고 상냥한 태도로 당신은 "왜요, 퍼디 부인, 왜 물어보시는 거죠?"라고 말할 수 있다. 화제를 다른 곳으로 돌려 버리라.

질문: 교회 직원이 다가오는 아기의 봉헌식 때문에 부모에게 전화를 한다. 그녀는 아이의 생일을 물어본 후, 입양 사실을 사람들 앞에서 밝히기 원하는지 묻는다.

대답: 직원에게 공손히 설명하라. "감사합니다. 스미스 부인. 마음 써 주셔서 감사해요. 그러나 저희 아이도 다른 아이들과 똑같이 소개되면 좋겠어요." 이러한 대화를 기회로 삼아 , 사람들이 당신의 지혜로운 태도와 답변을 통해 입양을 배울 수 있게 하라.

질문: 열두 살 짜리 친구가 학교 식당에서 아이에게 다가와 묻는다. "너 입양됐다며?"

대답: "재미있는 질문이네! 그런 건 어디서 들었어?" 만약 당신의 아이가 그 친구에게 자신의 사생활을 알리고 싶어 하지 않는다면, 아이는 정서적인 경계선을 긋고, 입양에 대해 더 이상 말하는 것을 거절할

수 있다. 만약 그 친구가 입양에 대해 계속 말하려고 하면, 아이는 그 자리를 당장 떠나도 괜찮다.

질문: 친구가 아이에게 "누가 너희 **진짜** 부모야?"라고 묻는다.

대답: "너랑 똑같아. 내가 매일 함께 살고 있는 분들." 이 말은 입양인들이 지인이나 낯선 사람, 또는 자신의 입양 이야기를 알리고 싶지 않은 사람에게 할 수 있는 적절한 대답이다. 입양 아동이 안전하거나 적절하다고 느끼는 상황이라면 자신의 경험을 비밀로 하거나 비꼬는 말로 입양 사실을 감출 필요는 없다.

질문: 학교 운동장에서 유치원 친구들이 손을 잡아 원을 만들고 당신의 아이는 들어오지 못하게 하며 "입양됐대요! 입양됐대요!" 하고 놀린다.

대답: 아이는 그냥 친구들이 잡은 손을 풀고 들어가 놀이에 참여하면서 "그게 너랑 무슨 상관이야?"라고 답할 수 있다.

질문: 2학년 담임 선생님이 사회 수업 시간에 아이에게 아이가 만들어 온 독특한 가계도를 반 친구들과 공유할 수 있는지 묻는다(아이는 이미 선생님에게 자신의 입양을 알린 상태이다).

대답: "오늘은 입양에 대해 이야기하고 싶지 않아요, 선생님. 그렇지만 저에게 물어봐 주셔서 감사합니다."

당신의 아이를 존중하라

입양 아동들은 입양 부모와 생물학적으로 다르고 또한 가족 구성원이 된 방식도 달랐기 때문에 자신이 다르다고 생각한다. 이 점은 부모가 바꿀 수도 없고 고칠 수도 없는 사실이다. 부모가 그것을 어떻게 하려고 해 봐도 입양 아동은 입양 부모와 같지 않다. 아이의 다른 점을 수용하며 존중하고 인정하는 것과 아이의 다른 점을 만천하에 공개하는 것은 전혀 다른 일이다.

부모가 건강한 경계선의 본이 되어 주는 것은 입양 자녀에게 보물과도 같은 선물이 된다. 부모는 자녀에게 이렇게 말할 수 있다.

- "엄마는 너의 사생활을 존중한단다."
- "엄마는 너의 경계선을 이해해."
- "네가 소외감으로 고통스러울 때에도 너와 함께할 거야."

다음 장에서는 입양 부모가 깜짝 놀랄 만한 주제를 다뤄 보고자 한다. 대부분의 아이들은 굉장한 기대를 가지고 자신의 생일을 손꼽아 기다린다. 그러나 입양 아동들은 그렇지 않을 수 있다.

18장

"생일은 나에게 힘든 날이기도 해요."

1950년 8월 4일, 맑고 따사로운 날. 오클랜드 가(街)의 어느 뒷마당에서 샤론 리Sharon Lee라는 아이의 다섯 번째 생일잔치 준비가 한창이다.

이 아이는 바로 나다.

엄마와 아빠는 큰 참나무 그늘 아래로 피크닉 테이블을 옮기고 그 위에 화려한 식탁보를 씌우고 있다. 엄마는 초록색과 흰색 물방울무늬가 있는 유리병에 음료를 만들면서 입양하던 날에 생후 10일이었던 나를 맞이하며 엄마와 아빠가 느꼈던 감격을 떠올리고 있다. 엄마는 매년 그렇듯이 오늘도 특별한 생일이 되도록 애를 쓴다. 딸에게 해 줄 수 있는 가장 최고의 것으로 말이다.

교회에 갈 때 입는 가장 좋은 옷을 차려입은 아이들이 선물을 들고 하나 둘 파티에 도착한다. 까르륵 웃음소리가 퍼져 나간다. 핫도그와 과자가 준비되고 이제는 케이크가 나올 시간이다. 엄마는 부엌에서 재빨리 초에 불을 붙여 밖으로 가지고 나오며 "생일 축하합니다. 생일 축하합니다. 사랑하는 셰리의 생일 축하합니다." 노래를 부른다. 친구들도 함께 노래를 부른다.

엄마가 내 앞에 장식된 케이크를 내려놓자, 내 눈은 토끼 눈처럼 커진다.

생일상 앞에 앉았던 나는 벌떡 일어나, 울면서 쏜살같이 뒷문으로 달려 나간다.

당신은 속으로 '별일이네. 다른 애들이라면 엄청 신날 텐데. 넌 모든 걸 다 가졌잖니?'라고 생각할 것이다. 곧 알게 되겠지만, 이것은 시작에 불과하다.

생애 초기에 시작되는 행동 양식

나는 그 이후로도 생일이면 앞서 보인 것 같은 행동 양식을 보였다. 나는 생일을 매우 기대하면서도 도저히 이해할 수 없는 뒤죽박죽 뒤섞인 감정에 어찌할 바를 몰랐다. 나는 해마다 그렇게 기대하던 생일잔치를 망치는 것으로 마무리했다.

나와 함께 1960년으로 돌아가 보자. 나는 15살이었고 부모님은 생일에 하고 싶은 게 무엇인지 물어보셨다. 부모님은 나를 매우 사랑하셨기 때문에, 이번에도 기억에 남을 만한 생일을 만들어 주려고 엄청나게 애를 쓰셨다.

나는 생일잔치를 원하지 않는다. 나는 주목받고 싶지 않다. 대신에 나는 이스트 랜싱에 있는 고급 레스토랑에서 저녁을 먹기로 한다.

음식을 주문하고 나자 나는 괴팍하게 굴기 시작한다(엄마는 내 기분을 이렇게 묘사했다). 부모님은 내가 어떤 기분인지 짐작도 못하신다. 부모님은 내 행동을 이해하지 못하셨고 나도 나를 이해하지 못했다. 집으로 오는 32km의 길은 길고도 조용했다.

나는 심술 부린 것에 대해 '대체 난 왜 그러는거지? 감사할 줄도 모르고!'

라며 자책 했다.

이제 1970년이다. 나는 2살, 4살 된 아이가 있는 젊은 엄마이다. 이날은 나의 25번째 생일이고 나는 부모님을 초대하기로 했다.

부모님은 내가 고향집 근처에 있는 상점 창문 너머로 점찍어 두었던 정장을 선물로 준비하셨다.

"어머나, 이게 웬 거예요!" 나는 감탄했다.

오후에 남편과 아빠가 골프를 하러 나갔다. 시간이 지날수록 나는 점점 더 화가 난다. '내 생일에 이렇게 무신경할 수가!' 나는 씩씩댄다. 몇 시간 후 아빠와 남편이 집으로 돌아왔을 때 내가 엄청 화가 났다는 것을 알아차렸고 살얼음 위를 걷는 것 같은 분위기가 된다.

가족들은 말 그대로 당혹스러워했다. 부모님은 나의 생일을 축하해 주러 미시간 주에서부터 그 먼 길을 오셨고, 내가 사고 싶었던 옷도 깜짝 선물로 받았다. 내 남편과 아이들은 저녁 먹을 계획을 짜고 있었다. 내가 뭘 더 바라겠는가? 이 모든 것에도 불구하고, 나는 화가 나서 트집을 잡고 실망한다.

마지막으로 1995년 8월 4일. 50번째 생일, 기념비적인 날이다. 나는 큰 기대감으로 이날을 기다린다. 친구들과 파티를 하는 대신 전국 곳곳의 친구들에게 카드를 보내 달라고 부탁했다. 그렇게 하면 나는 주목을 받을 필요가 없기 때문이다.

남편에게 금과 다이아몬드로 만들어진 '어머니 팔찌'[역주: 기념할 만한 날에 선물하는 자녀들의 이름을 넣어 만든 팔찌]를 선물로 받고 싶다고 말했고 내가 좋아하는 식당에서 가까운 가족들과의 모임을 할 수 있게 음식을 주문해 달라고 부탁했다. 아주 무리한 요구 같지는 않다.

파티를 앞두고 나는 온종일 불안하다. 나에게 힘든 날이 될 것임을 몇 주전부터 알고 있었기에 나는 심리 상담사와 약속을 잡으면서 박사의 비서에게 생일은 나에게 힘든 날이라는 것을 밝혔다.

비서가 묻는다. "생일은 행복한 날이잖아요. 그런데 생일이 슬프다고요?"

'내가 대체 왜 이러지?' 의아하다. '나는 왜 이렇게 생일이 불편한 걸까?'

상담은 실망으로 끝난다. 전문가에게 나의 감정을 말해 봤자, 마음속으로 느끼는 이 혼란에 도움이 되지 않는다.

그날 늦게 가족들은 남편이 예약해 놓은 식당에 모인다. 나는 어색하게 카드와 선물을 열어 본다. '왜 가족들과 함께 있는데도 긴장되고 쑥스러운 걸까?' 내 자신에게 묻는다.

파티가 끝나고 집에 돌아오면서 나는 남편이 제대로 하지 못했다고 비난하기 시작했다. "뭐에 그렇게 정신이 팔려 있는 거예요? 왜 내게 더 신경을 쓰지 않은 거죠? 도대체 왜 그랬어요?"

가엾은 사람. 그는 내가 원한 것보다 훨씬 더 많은 것을 나에게 주었다. 분노와 슬픔, 죄책감이 동시에 몰려왔다.

내 생일의 역사를 보여 주자니 창피하기 그지없다. 하지만 이는 많은 입양인들이 생일에 경험하는 내면의 역동을 묘사한 것이다.

"왜 그런지 모르겠네요." 당신은 분명 이렇게 말할 것이다. 입양인들이 이토록 생일을 힘들어하는 이유는 무엇일까?

생일이 힘든 날인 이유

잠시 생일을 생각해 보자. 비입양인에게 생일은 무엇을 의미하는가? 대부분의 사람들에겐 행복한 날이다. 환영받으며 세상에 온 날. 생일 케이크, 파티, 풍선이 있는 날.

이번엔 입양인의 생일을 생각해 보자. 입양인에게 생일은 무엇을 의미하는가? 이날은 가장 큰 상실을 겪은 날, 낳아 준 엄마뿐 아니라 친숙했던 그 모든 것을 잃어버린 날이다. 이날은 생일만이 아닌, 상실의 날이기도 하다.

입양 아동은 성장해가며 맞이하는 생일날에 고통스러웠던 이별을 떠올린다. 자기가 알았던 과거는 더 이상 존재하지 않는다. 영아기 때 입양된 아기들은 '상실'이라는 단어를 알기도 전에, 실제로 상실을 경험했다. 오늘 나의 생일이 과거의 상실을 떠올리는 것이다.

낸시 베리어[Nancy Verrier]는 ≪원초적 상처≫에서 태어나자마자 입양된 아이에 대하여 이렇게 말한다. "기념일 반응이라는 것이 있는 것 같습니다. (생모도 마찬가지인데) 많은 입양인들은 생일 즈음에 절망감을 느낍니다. 많은 입양인들이 생일잔치를 거부하는 것이 이상하지 않습니까? 자신의 생모와 헤어진 날을 축하하고 싶은 사람이 있을까요? 물론 입양인들은 자신들이 왜 그렇게 행동하는지 제대로 이해하지 못할 것입니다."

입양인을 사랑하는 사람들은 좋은 의도로 입양인을 마치 비입양인인 것처럼 대하며 생일을 축하하려고 한다. 그러나 파티와 기념일에, 많은 입양인들은 내면에 소용돌이가 치는 것을 느낀다. 그들은 자신이 **행복해해야 한다**는 것을 알고 있다. 그러나 지워지지 않는 생각 하나가 그들을 괴롭힌다. '생모도 오늘 나를 생각하고 있을까?', '생모가 일 년 중 하루라도 나를 생각한다면, 그건 분명 오늘일 거야.'

입양을 낭만적으로 보는 사회의 시선 또한 입양인들을 무겁게 짓누른다. '행복해야지. 네게 가족이 있으니 고맙게 생각해.', '부모님들 실망시키

지 마라.'

입양인들은 이에 어떻게 반응하는가? 그들은 대체로 타인의 기대에 맞춰 '착한 입양인'의 역할을 한다. 때로는 그저 울고 싶고 위로받고 싶은 자신의 참된 자아는 옆에 밀쳐 버린다. 혹은 내가 그랬듯이 혼란스러운 감정을 문제 행동으로 표출하거나, 나를 사랑해 주려는 모든 사람의 노력을 망치기도 한다.

'글쎄요, 우리 아이는 문제 행동을 한 적이 없는데요.'라고 생각할 수 있겠다. 당신이 맞을 수도 있다. 그러나 어떤 결론을 내리기 전에 당사자이자 입양 전문가인 입양인들의 말에 귀 기울여 보자.

입양인이 말하는 생일

메리 왓킨스Mary Watkins와 수전 피셔Susan Fisher는 ≪어린 자녀와 입양 말하기≫에서 네 살짜리 딸과 입양 엄마의 대화를 다음과 같이 묘사했다.

"그 사람도 와요? 우리 아줌마도 와요?" 아이가 묻는다.
"어떤 아줌마?" 엄마가 묻는다.
"내가 배 속에 있었던 그 아줌마요. 오늘은 내 **생일**이니까, 맞죠?"

30세의 남성 입양인은 이렇게 말했다. "생일이 되면 저는 어떤 관심도 받고 싶지 않아 일부러 동네를 떠나 있었습니다. 내가 태어난 게 뭐 대수라고. 나한테 신경 쓰는 게 싫었어요."

"나는 생일이 싫어요." 트리샤는 입양 지지 모임에서 이렇게 고백했다.

밥은 자신의 십 대 시절을 되돌아보며 말했다. "그 시절에 저는 생일이 불편했어요."

댄은 생일이 언제나 달콤씁쓸했다고 말했다. 아이였을 때, 그는 자신이 마치 어떤 구멍이나 탈의실에서 살고 있는 것 같다고 느꼈다. 생일이 되면 생모 생각이 났고 생모와 자신의 마음이 통하는 것처럼 느껴졌다. 이런 생각을 입양 가족에게 말할 때마다, 가족들은 그가 말하려는 것에 공감하기 어려워했다. "나는 생일 때마다, 입양 부모님께 더 착한 자녀가 되려고 했습니다."라고 그는 고백했다.

세라는 18살 생일이 되었을 때, 생모를 생각하며 매우 우울해했다. 세라는 '낳아 준 엄마는 지금 무슨 생각을 하고 있을까?' 하는 생각이 하루 종일 머리에서 떠나지 않았다.

멀린다는 이렇게 말했다. "제 생일은 일 년 중 가장 암울한 날이에요. 남편도 알고 있을 거예요. 왜냐면 밤에 침대에 누워 울고 있거나 아니면 욕조에 앉아 흐느끼고 있으니까요. 생모가 내 생일이 어떤 날인지 알고 있는지 궁금했어요."

코니 도슨Conny Dawson 박사는 다음과 같이 말했다. "어렸을 때를 되돌아보면, 나의 생일잔치에 마치 내가 초대받지 않은 손님인 양 느껴졌던 기억이 납니다. 몸은 그 자리에 있었지만 마음은 다른 곳에 가 있었습니다. 아무런 감정도 없이 연극 대본을 따라 움직일 뿐, 누구와 관계를 맺고 있다거나 살아 있다는 느낌도 들지 않았습니다. 입양을 축하하는 입양 기념일에 대해 들었을 때 내가 왜 움찔했는지 모르겠습니다. 내게는 새로운 가족의 일원이 된다는 것은 동시에 다른 가족과 헤어지는 것을 의미합니다. 이것은 엄청난 딜레마입니다. 함께하게 된 것을 축하하는 동시에 이별을 슬퍼하는 것이지요. 나는 이것은 불가능한 일이라고 생각합니다.

성인이 되어 생일잔치를 즐겨 보려고 아무리 애를 써도 소용이 없다는 것을 깨닫게 되자, 몇 해 동안은 생일에 무엇이든지 나를 즐겁게 할 만한 일들만 하기로 했습니다. 어느 해에는 친구에게 하루를 함께 보내자고 했습니다. 그 친구는 내가 멍하니 앉아 있거나 울더라도, 혹은 도심을 빠져나가 시골을 배회하더라도 나와 함께 있어 줄 사람이었습니다. 그 친구는 나의 **존재** 자체를 지지해 주었습니다. 혹 친구들이 나와 점심 식사를 하려고 할 경우, 우리는 생일이 아닌 다른 날에 만났습니다.

여러 차례 상담 과정을 거쳤고 네 명의 손자가 태어난 지금은 나의 생일을 진심으로 축하할 수 있습니다. 내가 태어난 것을 기뻐하기까지 정말 많은 작업이 필요했습니다."

당신의 아이가 이와 비슷한 생각이나 느낌을 말로 표현하지 않을지 몰라도, 아이는 내가 예로 든 다른 입양인들처럼 느낄 수 있다. 내가 만났던 입양인들 중 위에 인용한 이야기들에 공감하지 않는 이들은 소수였다.

'입양 도서는 왜 이런 것을 다루지 않는 것일까?' 하며 궁금해할 수 있겠다. 좋은 질문이다! 입양 도서에서 이런 것들을 다루지 않는 이유는 입양과 관련한 대부분이 밝혀지지 않은 미지의 영역이기 때문이다. 입양인들도 생일과 관련한 자신의 감정을 좀처럼 말하지 않았고, 부모와 상담 치료사들은 이것이 문제라는 것을 짐작조차 못했기 때문이라 생각한다.

부모가 할 수 있는 것

위험 신호 눈치채기

대부분의 입양인이 말로 하지 않아도, 아이가 생일에 힘들어한다는 것을 부모가 깨달을 수 있는 단서가 있다. 당신의 자녀가 다음 중 몇 가지 징후를 보일 수 있다.

- 슬픔과 분노를 동시에 느낌
- 즐길 수 없다고 느낌
- 부모를 기쁘게 하려고 유난히 애씀
- 도망가거나 숨고 싶어 함
- 선물을 주는 사람에 대해 비난함
- 선물에 대해 불평함
- 애정 표현에 의해 조종당하는 느낌을 받음 - 어떻게 해도 충분하지 않다는 생각이 듦
- 몽상(생모에 대한 궁금증)
- 화내고 삐딱하게 구는 행동을 하는 자신을 혐오스러워함
- 평소보다 높은 수준의 불안감
- 자기 생일이 중요하다는 것을 축소시킴 - "별거 아니야!"
- 생일 축하를 거부함
- 우울감
- 위축
- 자책

아이가 이런 위험 징후를 보인다면 이전 장에서 배운 대로 아이의 감정을 인정하고 위로해 주는 반응을 보이라. 그렇지만 있지도 않은 문제를 찾아 나서지는 말아야 한다. 모든 입양인들이 생일을 힘들어 하는 것은 아니다. 전혀 동요되지 않는 입양인도 많다.

한 여성 입양인은 말했다. "엄마는 항상 모든 일을 멋지게 해냈어요. 4학년 때에는 반 아이들 모두를 내 생일잔치에 초대했어요."

27살 빌은 부모님이 입양 기념일과 생일 모두를 축하해 주셨다고 말했다. "나는 생일이 두 개인 것 같아서 정말 좋았습니다."

특별한 생일 의식을 만들라

빌은 어머니가 특별한 의식을 만들어 유대감과 소속감을 느낄 수 있도록 해 주셨다고 말했다. 그것은 온 친지들이 참석하는 특별한 저녁 식사였다. 입양일을 '기적의 날'로 삼고 빌을 만나 한 가족이 된 것을 기념하였다.

아이가 복잡한 감정을 다룰 수 있게 돕는 또 다른 방법은 생일날 '애도 상자'를 꺼내어 생일 양초 같은 물건을 하나 더 추가하는 것이다. 7장에서 설명했던 감정들을 살펴보고 아이가 자신의 감정을 찾아낼 수 있도록 하자. 그리고 '애도 상자'가 다시 필요해질 때까지 잘 보관해 두어라. '애도 상자'를 이용하는 것이 적당하지 않으면, 아이의 '라이프북'을 꺼내서 입양 첫날에 아이에게 썼던 편지를 읽어 줄 수도 있을 것이다.

질문하라

생일 전에 미리 아이에게 질문을 하자. "생일에 뭐 하고 싶니?", "생일이 가까워지니까 어떤 느낌이 들어? 어떤 입양인은 생일날이 되면 슬프기도 하고 심지어 화가 나기도 한대. 너도 그런 느낌이 드니? 만약 그런 느낌이 들면 엄마 아빠한테 말해 주면 좋겠어. 엄마 아빠는 너를 이해하고, 네가 느끼는 복잡한 감정들이 잘 지나갈 수 있도록 최선을 다해서 도와줄 거야."

특별한 관심을 기울여라

아이의 마음을 달랠 수 있는 것들을 생각해 두라. 등을 쓸어 주는 것을 좋아하는 아이라면 그렇게 해 주라. 아이들이 긴장했을 경우, 몸을 편안하게 해야 한다.

잠자리 의식을 강화하는 것 또한 아이를 진정시키는 방법이 될 수 있다. 이야기를 더 들려주거나, 마사지를 해 주거나, 수면등을 켜 주거나, 함께 좋은 꿈을 생각하거나 음악을 들을 수 있다.

아이가 생일에 어떻게 반응할지 예상할 수 있는 확실한 방법은 없다. 그러나 적어도 당신은 아이가 말하지 않은 욕구를 가지고 있을 가능성에 민감하게 대처할 수 있다.

입양인에게 수많은 감정과 경험을 불러일으키는 또 다른 것이 있는데, 그것은 바로 자신의 가족력을 모른다는 점이다. 다음 장에서는 이 주제를 살펴보겠다.

19장

"가족력을 몰라서 고통스러워요."

몇 해 전 나는 입양인 친구에게 나의 가족의 병력을 알고 싶다고 말한 적이 있다. 많은 입양인들이 출생과 가족력을 알지 못해 불만과 부끄러움을 느끼는데 나도 그중 한 명이었다. 덩굴들이 나무를 타고 자라는 것처럼 두 개체가 뒤엉켜 있는 듯했다. 한 줄기 덩굴이 어디까지 자랐고 또 다른 덩굴이 어디에서 시작하는지 구별할 수 없었다.

"너의 출생 과정을 자세히 알고 싶어 하는 이유가 뭐야? 나는 내 출생에 대해 자세히 알지 못하지만 그것 때문에 괴롭지는 않거든." 친구가 말했다.

많은 입양인이 가지고 있는 가족력을 알고자 하는 욕구를 비입양인은 공감하기 어려울 수 있다. 그러나 입양 부모, 의사, 정신 건강 전문가들은 이것을 반드시 인식해야 한다. 가족력이 입양 아동, 입양 청소년, 그리고 성인 입양인들을 이해할 수 있는 열쇠가 되기 때문이다. 입양인은 나이와 상관없이 자신의 출생과 가족 병력을 모른다는 냉정한 사실에 고통을 느낄 수 있다.

두 명의 어린 자녀를 둔 30대 중반의 입양인 마고의 예를 들어 보자. 그녀는 산부인과 진찰 결과 초기 단계의 자궁암이 발견되어 즉시 처치를 받아야 하는 상태였다. 의사는 가족력을 아는 것이 중요하다고 말했다.

다른 사람을 통하여 마고의 생모와 연락이 닿았고 그녀에게 마고의 상태를 알려 주었다. 전에 마고가 생모와 연락이 닿았을 때에도 생모는 냉담하게 반응했지만, 마고는 이런 비상 상황에서는 생모가 도와주리라는 희망의 끈을 놓지 않고 있었다.

실망스럽게도 생모는 협조를 거부했다. "어떻게 그렇게 무정할 수 있나요?" 마고는 흐느끼며 말했다. "내 삶에서 너무나 기본적이고 필수적인 것을 알려 주지 않는 거잖아요. 나도 가족력을 알 권리가 있어요. 내 목숨이 달린 일인데 나랑 우리 애들한테 어떻게 이럴 수가 있죠?"

두 번째 사례. 40대 중반의 입양인인 마티는 정기적으로 헌혈을 하던 중 발작이 일어났다. 응급실 침상에서 깨어난 그는 자신의 병명을 듣자마자 "내 출생 가족들에게 간질 병력이 있었던 걸까요?" 하고 물었다.

MRI로 신경계를 검사한 후 심각한 결과는 아니라는 것을 알게 되었지만, 마티는 여전히 두려움에 떨었다. "나에게 왜 이런 일이 생겼지? 또 이런 일이 생기는 건 아닐까?"

세 번째는 대학원생인 해리의 사례이다. 그는 자신이 태어난 병원에서 출생 기록을 얻으려고 8년 넘게 애써 왔다. 그의 우울증을 치료하고 있는 정신과 의사는 해리가 태어난 병원에 두 차례나 요청서를 보내 그의 질병의 진단뿐 아니라 치료를 위해서도 출생 정보가 중요하다고 설명하였다. 심지어 법원 판사가 허가를 했음에도 출생 기록 담당자는 계속 기록을 건네주지 않고 거절하였다. 병원 원무과의 기록 담당자가 그토록 막대한 힘을 가지고 권력을 행사할 줄 누가 알았겠는가?

'모른다'는 문제는 어린 자녀들과 그의 입양 부모에게도 영향을 끼친다.

의사는 당시 여덟 살이었던 프랭키에게 보청기와 안경을 착용해야 한다고 진단했다. "난 학교에서 맨 앞에 앉아야 되는 것이 싫단 말이에요." 프랭키는 한숨을 쉬었다.

프랭키가 자라면서 불가사의한 증상들이 나타났다. 아이의 다리가 길어지더니 안짱다리가 되었다. 아이의 혀는 말하는 데 방해가 되었고 특정 발음들을 할 수 없게 되었다. 프랭키의 부모는 걱정스러워 어쩔 줄을 몰랐다.

의사들은 출생 가족의 병력을 알면 아이의 상태를 진단하고 치료하는 데 더 유리할 거라는 말을 되풀이했다. 이런 사연으로 프랭키의 부모는 출생 가족을 지금껏 수소문하고 있다. 이제 그는 20대가 되었지만 희귀한 관절염으로 휠체어에 매인 신세가 되었다. 부모는 프랭키의 성장에 맞춰 최선을 다해 간호했지만, 특정한 예후들은 출생 가족의 병력 없이는 여전히 예측할 수 없었다.

두 살 난 딸을 둔 또 다른 입양 부모는 이미 확보한 생물학적 병력의 가치에 대해 이렇게 말했다. "제 딸의 의학적 병력과 출생의 이력을 알고 있는 것은 해가 거듭될수록 점점 더 중요해집니다. 저는 아이의 이력을 여러 번 조회해 보았습니다. 그것은 생모에 대하여 매우 상세한 정보를 알려 줍니다. 머리카락 타입, 몸무게, 키, 초경 시기, 생리통 여부 등 이 모든 것들은 제 딸의 미래를 예측하는 데 도움이 됩니다."

어린 입양 아동이 새로운 의사를 만나면 자연스럽게 입양 사실과 가족력을 모르고 있다는 사실을 밝히게 된다. 의사가 "이러이러한 병력이 있습니까?"라고 물으면, 엄마가 입양 사실을 밝히는 동안 입양 아동은 어색하게 바닥만 쳐다볼 뿐이다. 아이가 성장하면서 이 질문을 들을 때마다 또 다시 마음에 비수가 꽂히고, 그 영향력은 계속 커져 간다.

≪앤드루, 너무 빨리 가 버린 너≫의 저자 코린 칠스트롬Corinne Chilstrom은 대입을 위한 건강 검진 후 바로 며칠 뒤에 자살을 한 아들이 겪었던 고통에 대하여 이야기했다. 코린은 "의사는 앤드루의 가족 병력란을 채울 수 없었습니다. 빈칸에 그저 '미상 - 입양되었음'이라고 끄적였습니다. 그것이 의사와 우리가 할 수 있는 최선이었습니다. '잃어버린 정체성'이라는 질병에 대한 치료법은 없었습니다. 앤드루는 그 일로 상심하였고, 죽음을 선택했습니다. 제 아이에게 잃어버린 정체성은 모든 것을 삼키는 블랙홀과 같았습니다."

내가 앤드루의 예를 든 것은 겁을 주려는 의도가 아니라 자신의 가족력을 알고자 하는 동일한 욕구를 가진 입양인들을 대변하기 위함이다. 입양인 코니 도슨Conny Dawson은 말한다. "이러한 욕구는 나뿐만 아니라 자녀들에게도 영향을 미칩니다. 성인이 된 자녀들은 이제 그들의 가족력 질문지에 '모친은 입양되었음. 병력 미상.'이라고 적어 넣죠. 혹시나 이렇게 하면 유용한 정보를 얻을까 기대하면서요. 내가 입양되던 당시의 정보를 구할 수 있다면 나는 출생 가족과 연락해서 그 정보들을 업데이트하고 싶습니다."

서른한 살의 캠퍼스 사역자인 스티븐은 이렇게 말한다. "의료 기록을 작성할 때마다 내가 다르다는 것을 새삼 깨닫습니다. 생물학적 가족의 유전력에 고혈압, 심장병, 암, 또는 다른 종류의 병력이 있는데 입양인이 그걸 모르는 것은 불행한 일입니다. 의사들이 입양인들에게 도움이 될 의료 기록 양식을 만들지 않은 것은 잔인한 처사라고 생각합니다. 보험 회사에 '당신은 자신의 가족력을 알고 있나요?'라는 질문을 추가해 달라고 하는 것이 무리한 요구는 아닐 것입니다. 혹 이것이 과한 요구로 보일 수 있겠지만, 나는 나의 독특한 출생의 기원이 존중받길 바랍니다."

입양인이 병원, 법원, 출생 가족, 어디서든 간에 의료 정보를 제공받는 걸 거절당한다면, 입양인은 마치 나쁜 버릇 때문에 손등을 찰싹 맞은 못된 녀석이라도 된 듯하거나, 아니면 어떠한 권리도 가지지 못한 무기력한 어른처럼 느낄 수 있다. 내 자신과 동료 입양인들의 불만을 담은 '입양인 권리 장전'을 써 보았다.

입양인 권리 장전

나는 혼란스러워할 권리가 있다.

누군들 그렇지 않겠는가? 어쨌든 나에게는 두 쌍의 부모가 있고, 한 쌍은 비밀에 싸여 있다.

나는 버려짐과 거절을 두려워할 권리가 있다.

결국 나는 가장 친밀했던 이에게 버림받은 것이다.

나는 고통을 인정할 권리가 있다.

어쨌든 나는 가능한 가장 어린 나이에 가장 가까운 혈족을 잃은 것이다.

나는 애도할 권리가 있다.

사회의 다른 이들도 강렬한 감정을 인정하지 않는가?

나는 내 감정을 표현할 권리가 있다.

입양된 날 이후부터 내 감정들은 차단되어 왔기 때문이다.

나는 나의 의료 기록에 있는 어떤 정보라도 물어볼 권리가 있다.

이것은 나의 몸이고 나의 이력이며 나의 아이들과 그 후손에게까지 영향을 미치는 것이기 때문이다.

부모가 할 수 있는 것

만약 입양인의 과거를 떠올리는 것이나 생물학적 이력을 알 수 없어 고통을 받는다면 부모나 전문가들이 입양인을 위로할 수 있는 몇 가지 방법들이 있다.

도화선이 되는 것을 주의하라

먼저, 의료 기록과 관련하여 입양인들에게 도화선이 되는 것이 무엇인지 파악하라. 여기 몇 가지 예가 있다.

- 건강 검진(학교 입학 전, 대학 등록 전, 결혼 전에 하는 검사들) - 입양인들은 변화의 시기에 정서적으로 상처받기 쉬워지며, 아주 사소한 것으로 인해 자신의 과거를 모르고 있다는 사실을 떠올리고는 완전히 무너질 수 있다.
- 의학적 위기 - 입양인은 출생 가족의 유전 병력을 궁금해 하며, 마음속으로 자주 출생 가족을 찾는다. '가족 중 암인 사람이 있을까?', '사망 원인은 무엇이었을까?', '몇 살까지 살았을까?'
- 학교에서 하는 혈액형 검사 - 입양인은 자신의 생부모의 혈액형이 궁금할 수 있다.
- 질병 - 입양인은 자신의 출생 가족에게서 유전된 특이 체질을 물려받았을 수도 있다. 이러한 상황에서 입양인은 다시 한번 자신의 상실된 이력을 떠올린다. 입양인은 자신 때문에 입양 가족이 낙심할 거라고 생각할 수 있다.

가족력을 몰라 힘든 시기를 보내고 있는 입양인의 고충을 부모나 의료진이 인정하고 민감하게 대처함으로써 입양인에게 도움을 줄 수 있다.

아이의 현실을 인정하라

부모님에게:

- 아이와 '입양인 권리 장전'을 함께 나누며 아이가 '피해자' 모드에서 벗어나도록 돕자. 아이가 권리 장전에서 동감했던 생각이나 감정을 표현하도록 격려하라.
- 매년 아이의 정기 건강 검진 때가 되면 이렇게 말해 보자. "내가 만약 입양인이라면 건강 검진 받는 게 힘들 것 같아. 낳아 준 엄마를 모른다는 걸 다시 한번 떠올리게 될 테니까. 이런 생각해 본 적 있니?"
- 입양인이 거쳐야 하는 특별한 과정을 아이가 적극적이고 자신감 있게 대처하도록 재차 알려 주라. 아이가 모르고 있는 가족력에 대해 언제든지 편안하게 대화해도 된다고 솔직한 태도로 격려해 주자.

의료진에게:

- 첫 번째 방문 시에 다음과 같이 질문해야 한다. "입양되었습니까?" 입양인이 적극적으로 대답하면 의료진은 그것이 입양인의 신체적·정서적 건강에 중요한 주제임을 알고 그 주제를 계속 다루어야 한다.

상담 치료사에게:

- 최초 상담에서 다음과 같은 질문을 해야 한다. "가족 내에 입양인이 있나요?" 치료사는 이어서 다음 질문을 할 수 있다. "자신의 이야기를 해 보세요. 입양되었을 때 몇 살이었나요? 어디서 태어났어요? 가정에서 입양 이야기를 자주 하나요?"
- 치료사는 어린아이에게 바닥에 있는 큰 종이에 입양에 관한 그림을 그려보라고 한 후, 그 그림에 대해 설명해보라고 할 수 있다.

자신의 생물학적 이력을 완전하게 알지 못하는 것이 내 아이에게 고통스러운 문제가 될지 어느 부모가 미리 알겠는가? 물론 아이에게 아무런 문제가 되지 않는다면 다행스러운 일이다. 다만 어떤 이들에게는 문제가 된다는 것을 기억하자. 자신이 고군분투하고 있다는 것을 부모가 알아주는 것만으로도, 아이가 고통스러운 감정을 잘 다루는 데 도움이 된다.

지금까지 자신의 가족 병력을 전부를 알지 못하는 것이 몇몇 입양인들에게는 고통스러운 일임을 이야기했다. 지금부터는 다수의 입양인들이 느끼고 있지만 차마 말로는 꺼내지 못하는 두려움에 대하여 이야기하려고 한다.

20장

"내가 부모님이 감당하기 벅찬 아이일까 봐 두려워요."

이번 장을 시작하며 어린 시절에 즐겨 읽던 책 중 하나인 마거릿 와이즈 브라운Margaret Wise Brown의 ≪엄마, 난 도망갈 거야≫가 생각난다. 그 책은 입양인의 감춰진 두려움—'난 다루기 힘든 아이일 거야'—을 잘 묘사하고 있다.

이야기는 "난 도망갈 거예요."라고 선언하는 아기 토끼와 엄마 토끼의 대화로 시작된다. "만약 네가 도망가면 난 너를 쫓아갈 거야. 넌 내 아기 토끼니까."라고 엄마가 답한다.

"엄마가 날 쫓아오면 난 강물을 거슬러 올라가는 물고기가 될 거예요. 그래서 엄마에게서 멀리 헤엄쳐 달아날 거예요." 아기 토끼가 말한다.

"네가 강물 속의 물고기가 된다면 난 낚시꾼이 될 거란다. 그리고 물고기가 된 너를 낚을 거야." 엄마가 사랑스럽게 반박한다. 이 장면에서 엄마 토끼는 긴 장화를 신고 무릎 깊이의 냇가에 서 있는데, 팔에는 낚시용 바구니를 메고 손에는 미끼로 당근을 매단 장대를 들고 있다.

마침내 아기 토끼가 도망가기를 멈추고 "나 그냥 여기서 엄마의 아기 토끼가 될래요."라고 말하며 이야기는 끝이 난다.

입양인 중에는 이 아기 토끼를 꼭 닮은 경우가 있다. 그들은 다양한 방식으로 부모에게 "난 도망갈 거예요."라고 말한다.

부모인 당신은 '아이가 도망가려는 욕구는 어디서 오는 걸까?', '어떻게 해야 내가 엄마 토끼처럼 헌신적으로 아이를 계속 안심시키고 아이가 느끼는 두려움을 다독여줄 수 있을까?'하며 자문할 것이다.

감당하기 벅찬 존재가 될까 봐 걱정하는 입양인의 두려움을 이해하기 위해 입양인이며 입양 전문가였던 한 상담사의 발표를 듣던 중 내가 경험했던 것을 나누고자 한다.

감당하기 벅찬 존재가 될 것 같은 두려움

그 상담사는 자신에게 상담을 받으러 오는 한 입양인에 대해 말했다. 그 소녀의 부모는 지쳤고 한계점에 다다랐다. 십 대 딸과 소통하려고 그들이 할 수 있는 모든 것을 했지만 아이는 심하게 저항했고 벽은 점점 높아져만 갔다. 수년에 걸친 상담이 전혀 도움되지 않는 것 같았고 성숙해지기는커녕 반항만 할 뿐이었다. 마지막으로 애착과 유대 전문 기관의 전문가가 개입을 시도해 보고 이마저도 성과가 없으면 아이를 소년원에 보내는 수밖에 없었다.

상담사가 그날 그 십 대 소녀가 보인 몸짓 언어를 묘사한 바에 의하면, 아이는 팔짱을 끼고 입을 굳게 다물고 이마를 찌푸린 채로 구부정하게 앉아 있었는데, 마치 '나는 도망갈 거예요. 나 좀 잡아 봐요.'라고 자기의 속마음을 내비치는 것 같았다고 한다. 이 아이가 마치 '도망가는 토끼' 같지 않은가?

오랜 훈련과 개인적인 경험을 통해 지혜와 연민이 가득한 상담사는 무심한 듯 정곡을 찔렀다. "그래서, 언제부터 그렇게 감당하기 벅찬 딸이 되었니?"

아이는 그 질문에 놀랐고 소심하게 대답했다. "아주 오래전부터요."

상담사는 입양인으로서 자신이 느낀 비슷한 감정들을 나눴고, 여러 번에 걸친 상담을 통해 그 아이는 부모님과의 관계도 회복했다.

아이의 마음속에 있는 높은 벽을 부수기 위해 상담사가 한 일은 무엇인가? 상담사는 무슨 말을 해야 할지 어떻게 알았을까? 그 상담사는 입양인을 괴롭히는 무의식적인 생각이 무엇인지 알고 있었다. '내 감정이 너무 격해지면 나는 감당하기 힘든 아이가 될 거예요. 그러면 나는 어떻게 될까요? 또 다시 버려지겠죠.'

또한 그 상담사는 아이들이 사랑을 바탕으로 한 힘과 용기를 존중한다는 것을 알고 있었다. 상담사가 용기 있게 아이의 정곡을 찔렀으며, 애정 어린 마음으로 자신의 경험을 아이에게 나눴음이 분명하다.

위 사례에 등장한 상담사인 코니 도슨Conny Dawson 박사는 자신의 신념을 이렇게 요약했다. "만일 부모가 힘 있고 애정 어린 진정성을 보여 주지 못하면, 입양인은 부모를 강하게 만들기 위해 마구 대할 것입니다. 또한 입양인은 자신이 강하고 참된 사람이 되는 데 마땅히 배워야 할 것을 자신의 부모가 가르쳐 줄 능력이 없음을 알게 되면, 부모를 신뢰하지 못합니다. 입양인은 자신이 감당하기 힘든 존재가 아니라는 사실을 알아야 합니다."

코니 박사가 이 말을 했을 때, 나도 모르게 눈물이 났다. 그 때는 이유를 알지 못했다. 그러나 이제는 어린 시절 스스로가 감당하기 벅찬 아이는 아닐까 하는 두려움이 나한테 있었기 때문임을 안다. 내 입양인 친구를 담당했던 정신과 의사가 더 이상 자신이 해 줄 수 있는 것이 없다며 다른 의사를 추천해 주었다는 이야기를 들었을 때가 생각났다. 친구의 이야기를 듣자마자 나는 8년째 만나고 있는 나와 상담사와의 관계가 떠올랐다. 만약 그가 나를 대하는 데 한계에 다다랐다고 말한다면? 만약 나를 감당하기 버겁다고 하며 다른 상담사를 추천한다면? 나는 또다시 버림받았다고 느낄 것 같았다. 공포감이 엄습했다.

그 다음 상담에 갔을 때 나는 "내가 감당하기 어려운 내담자인가요? 나를 위해 더 이상 할 수 있는 게 없어서 나를 다른 상담사에게 보낼 건가요?"라고 머뭇거리며 물어보았다.

상담사는 무슨 일이 일어났는지 눈치를 채고는 "아니요. 당신은 절대로 감당하기 힘들지 않아요. 계속 **나의** 내담자였으면 좋겠어요."라고 말했다. 그는 헌신적인 태도로 나의 두려움을 안정시켰다. 나는 눈물을 참으며 "정말요?"라고 물었고, 그는 "정말입니다. 나는 당신을 위해 이 자리에 있습니다."라고 대답했다.

그 일을 돌이켜 보면 웃음이 난다. 바로 이러한 두려움 때문에 나는 수년 동안 철통 같이 방어벽을 치고 있었던 것이다.

강렬한 감정에서 벗어나려는 경향

아기 토끼가 반항적으로 "나는 도망가고 있어요."라고 알려 준 것처럼, 많은 입양인들도 거의 매일 다양한 방법으로 이와 같은 행동을 하고 있다. 키이스 라이버Keith Reiber는 다음과 같이 말했다. "분노, 두려움, 수치심, 슬픔은 네 가지 기본 감정입니다. 아이가 상처받으면 슬픔을 느끼게 되고 슬픔은 아이를 더욱 취약하게 만듭니다. 그러면 아이는 또다시 상처받을까 봐 두려워하게 됩니다.

두려움 또한 아이를 취약하게 만듭니다. 그래서 아이들은 두려움을 느낄 때 화를 내는 것으로 두려움을 덮어 버리려고 합니다. 아이는 혼나거나 놀림당할 염려 없이 자신의 감정을 자유롭게 표현할 수 있어야 자신의 과거를 다룰 수 있게 됩니다. 아이는 자신을 압도할 만큼 엄청난 감정에 휩싸일 때에도 엄마가 언제나 곁에서 사랑으로 돌봐 준다는 것을 배웁니다. 이를 통해 아이는 신뢰를 배우는 것입니다."

결혼 생활이나 친구 관계, 상담 과정에 있어서 많은 입양인들은 강렬한 감정으로부터 도망친다. 감정의 폭풍 한가운데로 다가간다 싶으면 이내 반대 방향으로 빠져나가려고 안간힘을 쓴다.

로널드 J. 나이담Ronald J. Nydam 박사는 〈친권 포기와 친밀감〉이라는 글에서 20년간의 결혼 생활을 실패로 끝낸 입양인의 상담 사례를 소개했다. "그는 말도 안 되는 이유로 아내에게 사랑한다는 말을 거의 하지 않았습니다. 그는 과거 몇 년 동안 스물여덟 살인 자기 비서와 사랑이라는 것에 빠졌습니다. 시간이 갈수록 불륜 비슷한 관계는 깊어져 갔는데, 그는 비서와의 관계에서 흥분과 두려움을 동시에 느꼈고, 자신의 결혼 생활이 의미 없어 보이는 것 때문에 혼란스러워했습니다.

아무런 성과도 없이 결혼 상담을 몇 달 동안 받아 오던 중, 친권 포기와 입양이라는 주제가 나오게 되었습니다. 그는 몇 년 동안 이 주제를 애써 외면하다가 자신을 낳았을 당시 스물여덟 살이던 생모의 신체 기록이 담긴, 41년 된 빛바랜 입양 기록지를 꺼내 와 보여 주었습니다. 그는 자신의 비서와 생모의 외모가 비슷하다는 것을 발견하고는 흐느껴 울었습니다. 그는 울면서 '생모는 왜 나를 사랑하지 않은 걸까요?'라고 물었습니다."

내가 만난 많은 입양인들이 입양 지지 모임에 한 번 오고는 다시 오지 않는다. 지지 모임에서 진솔하게 속내를 드러내 보이는 것이 그들의 수많은 격한 감정을 건드리기 때문이다. 입양인들은 감정을 표현하고 다음 단계로 넘어가기보다, 다시는 모임에 참여하지 않으려 한다. 자신의 강렬한 감정에 두려움을 느끼며 압도당할 것 같기 때문이다.

최근 이혼한 한 27세 남성이 관계에서 뒤로 물러서려는 경향을 설명했다. "아내는 정말 훌륭한 사람이에요. 더 이상 바랄 게 없었지요. 나 때문에 이혼하게 된 거예요. 누가 나에게 너무 가깝게 다가오는 걸 도저히 견딜 수 없었거든요."

모임의 다른 사람이 그런 상황에서 어떤 느낌이 들었냐고 묻자, "질식할 것 같아서 뛰쳐나갈 수밖에 없었어요."라고 대답했다.

또한 입양인들은 분리되는 데 선수다. 그들은 감정적으로 멀찍이 있으려 하고 고통과 거리를 둔다. 마치 충격적인 사건을 멀찍이서 바라보는 방관자와 같다.

나는 게슈탈트 심리 요법을 전공한 치료사를 만나기 전까지, 세 명의 치료사를 거쳤다. (비전문가인 내가 이해하는 게슈탈트 요법은 상담사가 내담자의 발을 뜨거운 불 위에 올려 두고, 내담자가 느낌을 느끼도록 하는 것이다.) 그 상담사는 분리의 지점을 짚어 내는 데 전문가였다. 내가 감정에서 멀어질 때마다 "방금 어디에 있었던 거예요?"라며 나를 그 지점에 붙잡아 두었다. 상담사 덕분에 나는 강렬한 감정에서 분리되지 않고 감정을 직면하여 느끼는 법을 배웠다. 그 결과, 나는 이전보다 정서적으로 더욱 건강해졌다. 나는 더 이상 강렬한 감정을 두려워하지 않고, 오히려 감정을 적극적으로 받아들여 성장의 기회로 삼는다.

부모가 할 수 있는 것

부모는 아이가 강렬한 감정을 회피하지 않고 그것을 말로 표현하여 치유되도록 도울 수 있다.

방어적 행동을 찾으라

방어적인 행동은 아이 마음속에 말하고 싶은 무언가가 있다는 신호이다. 어떤 주제가 나왔을 때, 아이는 '나는 뭐든 할 수 있어요'라는 태도를 보이는가? 아이가 고통스러운 주제를 다룰 때 어떻게 행동하는가? 위축되거나 시무룩해지는가? 아니면 분리를 통해 자신 안에 있는 안전한 공간에 머무르려 하는가?

앞서 자신이 감당하기 어려운 존재일 것 같은 아이의 두려움에 상담사가 맞섰던 것처럼, 아이가 느끼는 이러한 두려움에 대해 적당한 때에 이야기 나누는 것을 부모가 꺼리면 안 된다. "너는 감당하기 어려운 아이가 될까 봐 걱정한 적 있니?"라고 물어보라. 또한 아이가 자신을 감정에서 분리하려고 하면, 아이가 그 감정을 분리하지 않은 채 온전히 느끼도록 붙잡아 줘야 한다. "지금 무슨 생각을 하니?" 부모가 아이의 필요를 묻고 민감하게 반응하면, 입양과 관련된 문제를 더욱 깊이 있게 다룰 수 있다.

두려움을 다독여 주라

부모로서 자녀의 기본적인 욕구를 능숙하게 파악하고, 앞으로도 영원히 헌신적인 태도로 자녀를 돌볼 것임을 표현하라. "내가 항상 네 곁에 있어."라는 메시지를 다양하고도 창의적인 방법으로 아이에게 말하라. 머지않아 아이가 그 아기 토끼처럼 격렬한 감정을 느끼고 부모에게 다가올 때, 엄마 토끼처럼 어떤 상황에서도 아이와 '영원히' 함께하는 관계임을 되새겨 주라.

다음 장에서는 입양인의 삶에서 두려움이 드러나는 방식과, 아이가 그 상황을 이겨 내기 위해 어떤 식으로 부모의 도움을 구하는지, 또 어떻게 해야 부모가 아이를 지혜롭게 대할 수 있는지 살펴보겠다.

21장

"내가 두려움을 과격한 방식으로 표현하더라도, 나를 받아 주고 지혜롭게 반응해 주세요."

입양 아동들에겐 화, 미움, 분노, 외로움, 적대감 등 '불쾌한' 감정을 표현할 자유가 있어야 한다. 그러나 언짢은 감정들이 허용되는 반면, 과격한 행동은 허용이 안 된다는 것도 함께 배워야 한다.

몇몇 입양인들은 격한 감정에 휩싸이면 파괴적인 방법으로 행동한다. 집에 불을 지르기도 하고, 혹은 입양 아빠의 갈비뼈를 부러뜨리기도 한다. 또 다른 이들은 자살을 하거나 살인을 저지르기도 한다. 이러한 행동을 하는 입양인들에게 다가갈 수 있는 유일한 방법은 전문가가 개입하는 것이다. 극단적이고 파괴적인 방식으로 행동하는 입양인들은 다른 많은 입양인들과 마찬가지로 혼란스러운 감정이나 심각한 애착 문제에서 비롯된 고통을 겪고 있다.

경우가 어떠하든, 입양인은 부모가 언제나 곁에 있어 주고 자신을 사랑해 주길 원한다. 부모가 사랑한다는 말은 모든 입양인에게 달콤한 음악처럼 들린다. 입양인의 요구가 지나친 것은 아니다. 입양인은 사랑한다는 말에 절대로 질리지 않는다. 하지만 일부 입양 부모들이 종종 범하는 실수를 저지르지는 말자. 그들은 자녀가 세심한 반응을 필요로 하는 '특수 욕구'가 있는 아이라는 것을 알고나면, 효과적인 훈육을 뒤로 한 채 아이가 원하는 대로 맞춰 주기만 한다. 아이 멋대로 하게 두고 그저 안타깝게 여기거나, 지혜로운 훈육 대신 아이가 조종하는 대로 휘둘린다.

일례로 로라의 부모는 극도로 관대했고 경계선이 거의 없었다. 옳고 그름에 대한 분명한 가르침도 없었다. 로라는 자신의 행동으로 인한 결과를 경험해 보지 못했다. 부모는 로라에게 훔친 옷을 돌려주라고 하지 않았고, 낙제 과목을 다시 듣게 하지도 않았다. 로라의 부모는 모두 받아 주는 것이 사랑이라고 믿었다. 로라의 아빠는 딸에게 지금까지 딱 한 번만 매를 댔을 뿐이라고 자주 자랑했다.

로라 부모가 그토록 허용적인 태도로 아이를 양육한 것은 로라를 측은하게 여기고 아이에게 상처를 줄까 봐 두려워했기 때문이다. 게다가 일종의 잘못된 죄책감도 있었을 것이다. 즉, '내가 누구라고 생물학적으로 나와 전혀 다른 이 아이를 훈육하겠는가?' 로라의 입양 부모는 제대로 훈육을 받지 못한 것이 로라에게 소속감을 느끼지 못하게 하고 사생아로 태어난 아이처럼 느끼게 한다는 사실을 잘 몰랐다.

시간이 지날수록 로라는 생모와의 분리에서 온 해결되지 못한 슬픔과 잘못된 양육이 더해져 통제할 수 없는 아이가 되어 갔다. 로라가 열일곱 살이 되었을 때, 모든 부모들이 두려워할 만한 통보를 해 왔다. "엄마 아빠, 나 임신했어요."

물론 모든 입양 아동들이 통제가 안 되거나 훈육하기 어려운 것은 아니다. 다음은 자녀와 상호 작용을 하기 위해 부모가 익혀야 할 몇 가지 기본적인 기술이다.

과격한 행동에 대처하는 방법

아이에게 치밀어 오르는 감정들을 표현하는 것은 괜찮다고 알려주라. 압도적인 감정들을 표현하는 것은 괜찮을 뿐만 아니라 아이가 건강해지고 완전해지는 데 결정적 역할을 한다. 하지만 아이에게 자신을 표현하도록 허용하는 동시에, 거친 행동들은 그 자체로 아무 의미가 없다는 것 또한 가르쳐야 한다. 아이의 감정을 승인하되, 아이가 가정을 좌지우지하도록 두지는 말아야 한다. 대신 사랑이 넘치면서도 강한 부모가 되어라. 부모의 이러한 양육 태도는 아이가 혼란스러운 감정에 빠지지 않고 성숙해지는 데 도움이 된다.

포스터 클라인Foster Cline 박사가 경험을 통해 터득한 보편적인 원칙은 다음과 같다. "아이가 '익숙하고 빈번하게' 드러내는 불만스러운 감정에 끌려다녀서는 안 됩니다. 아이들은 흔히 그러한 감정을 과도하게 사용합니다." 클라인 박사는 한 치료 과정 기록에서 이 원칙을 설명하고 있다.

5학년인 스테파니는 감정 기복이 심하다. 3분의 2는 우울하게 지내고, 3분의 1은 성질을 내며 지낸다. 스테파니는 아주 예쁜 소녀인데, 주로 입술을 부루퉁하게 내밀고 다닌다. 부모님은 이혼한 상태로, 스테파니의 엄마는 상담 치료 중에 불현듯 자신이 아이의 부루퉁함을 강화시켰다는 것을 깨달았다. 친부모 둘 다 자신들의 새 배우자와 함께 치료에 참여했다.

상 = 상담 치료사

부 = 아빠

스 = 스테파니

모 = 엄마

상: "여기 계시는 분 모두, 잘 모르고 계셨겠지만, 너무 지나치게 아이 걱정을 하고 있어요. 아이가 울려고 할 때마다, 부모님은 주변을 둘러보고 괴로워하기 시작하죠. 그런 다음 손을 뻗어 문제점을 찾으려고 합니다. 찾으면 찾을수록 문제는 더 커집니다. 무슨 말인지 아시겠나요?"

부: "상담에서 언급하셨다시피, 저도 많이 생각해 봤는데, 좋은 예를 찾은 것 같아요." "(스테파니에게) 얘야, 내가 너와 통화하려고 집으로 전화를 할 때마다, '어떻게 지내니?'라고 먼저 묻곤 하지. 그러면 너는 항상 '잘 지내요.'라고 하고. 그러면 나는 '뭐 다른 일은 없고?'라고 말하고는 뒤의 대화는 늘 판에 박힌 순서지. 난 이제 더 이상 그런 게임은 안 하려고 한다."

스: "그건 게임이 아니에요." (아랫입술 3분의 2를 삐죽 내밀며 말한다.)

상: (스테파니에게 어깨동무를 하고 웃으며) "그래, 스테파니, 그건 게임이 아니지. 너에겐 그게 삶의 방식이지."

스: (슬쩍 웃으며) "맞아요, 게임이 아니에요."

상: "음, 네 아버지가 이걸 이제 알게 되셨을 거야. 네가 이것에 대해 많이 생각해 봤으면 좋겠구나."

이때, 스테파니가 역시 상담에 참여하고 있는 엄마를 슬쩍 본다. 엄마의 얼굴이 고통으로 일그러져 있다. 갑자기, 스테파니가 울음을 터뜨린다.

모: "스테파니, 네가 기분이 상할 이유는 없어. 우리가 너의 나쁜 점을 이야기하는 게 아니잖니? 우리는 단지 네가 가끔씩 하는 행동들과 거기에 반응하는 우리 방식이 너에게 좋지 않다는 걸 이야기하는 거야."

스: (소리 죽여 울기 시작한다.)

모: "다 괜찮아질 거야, 얘야."

상: "자, 어머니, 지금 방금 뭘 하신 건지 말씀해 주시겠어요?"

모: "아, 아이를 안심시키고 있었어요."

상: "안심이라고요? 어머니는 판에 박힌 상황을 강화시키는 중이에요. 이 아이는 모든 게 다 괜찮아질 거라는 말을 들을 이유가 전혀 없답니다. 스테파니는 지금 이대로 충분히 괜찮다는 것을 알아야만 해요. 이 아이는 우리 모두가 자기를 사랑한다는 걸 알고 있어요." (스테파니를 향해) "얘야, 눈물을 닦거나 아니면 이 방에서 나가도록 하자. 네가 마음

을 가다듬으면 그때 다시 들어와도 좋아. 어떤 게 좋겠니?"

스: "마음을 추스르는 거요."

상: (미소 지으며 스테파니에게 다시 어깨동무를 한다.) "좋아! 나도 기쁘구나. 미소를 보면 행복해지지. 네 아랫입술이 쑥 들어간 것에 대해 내가 고맙다고 표현했던가? 정말 기쁘구나."

스: (상담 치료사에게 씩 웃어 보인다.)

모: "한 줄기 빛을 본 것 같아요."

부모가 할 수 있는 것

아이는 부모인 당신을 보고, 자신이 누구인지와 가족과 어우러지는 법, 바르게 처신하는 법과 당신의 자녀가 된다는 것의 의미를 배운다는 점을 명심하라. 설령 아이가 밉살스럽고 파괴적인 방식으로 행동할 때라도, 아이가 당신에게 필요로 하는 것들은 다음과 같다.

- 자신감 있는 부모가 되어 주세요.
  부모님이 내 인생에서 얼마만큼 절대적인 역할을 하는지 시험해 볼 수 있어요. 당신은 나의 진짜 부모가 아니잖아요. 제발 부모님 스스로 자신의 해결되지 못한 슬픔을 먼저 해결해 주세요. 그래야 제가 부모님을 시험할 때 쉽게 넘어가지 않으실 테니까요.

• 부모님 사이에 애정이 넘치길 바라요.

부모님이 서로 사랑하길 바라요. 저보다 부모님 서로를 우선시해 주세요. 그래야 제가 안정감을 느낀답니다. 부모님이 서로에게 향할 애정을 나에게 향하도록 두 분 중 한 분을 제가 조종하는 것을 그냥 두지 마세요.

• 일치된 태도로 훈육하세요.

부모님 사이에서 훈육 방식에 관한 의견 충돌이 일어나지 않게 해 주세요. 다툼은 내가 안 보는 다른 방에서 하세요. 나를 부모님 사이에 두지 마세요. 그러면 내가 가족 사이에서 지나치게 많은 힘을 가지게 될 테니까요. 그렇게 된다면 나는 쉽게 상처 입고, 혼란과 상실을 느끼게 될 거예요.

• 내가 선택하게 해 주세요.

내 자신에 대해 생각하도록 가르쳐 주세요. 이것은 나의 삶이며, 나의 선택에 내가 책임을 져야 한다는 것을 가르쳐 주세요. 내 과거의 일부를 잃어버리긴 했지만, 온전한 사람이 되는 건 나의 책임이니까요.

- 결과를 통해 배울 수 있는 자유를 주세요.

  내가 일을 망쳤을 때 나를 대신해 변명하지 말아 주세요. 나는 자신의 행동에 책임지는 법을 배워야 해요. 내가 이웃의 옷장에서 옷을 훔쳤을 때 사과 전화를 대신 하지 마세요. 또 늦잠 자서 학교에 지각했을 때도 대신 변명하지 마세요. 만일 자신의 행동에 책임지는 법을 배우지 못한다면, 나는 피해 의식으로 가득 차서 평생 그렇게 행동할 수도 있어요.

- 화난 상태에서 훈육하지 마세요.

  화가 난 상태에서 훈육하거나 비꼬는 말을 하지 말아 주세요. 감정이 가라앉고 통제될 때까지 기다렸다가 섬세하고 따뜻한 태도로 대해 주세요. 훈육을 끝내고, 부모님이 나를 진심으로 사랑하며, 언제나 나를 위해 그 자리에 있을 거라고 저를 안심시켜 주세요. 그러면 또다시 버려질 거라는 나의 두려움이 가라앉을 테고, 또 사람들이 서로에게 실망할 수 있지만 여전히 서로 깊은 관계를 맺는다는 것을 내가 분명히 배울 수 있을 거예요.

마지막으로 입양인이 출생 가족을 찾는 것에 관한 주제를 자세히 살펴보겠다. 만일 당신이 두려움을 가지고 있다면, 다음 장에서 나오는 정보가 틀림없이 당신에게 용기를 줄 것이다.

22장

"나를 낳아 준 부모를 찾는다 해도, 엄마 아빠가 언제나 나의 부모님이길 원해요."

뿌리 찾기 및 재회 과정과 관련된 입양 삼자(입양인, 입양 부모, 생부모) 사이의 심리학적 이슈들은 다면적이고 강렬하다. 그들 사이의 역동은 마치 "폭풍우에 휘말린" 것과 같다고 묘사할 수 있다.

입양인은 종종 자석처럼 이러한 스릴에 끌린다. 생모도 여기에 휘말려 자신의 잃어버린 아이의 얼굴을 보고 싶어 할 수 있다. 그러나 입양 부모는 속으로 이 모든 것들이 사라져 버리기를 바란다.

입양과 연관된 그 누구라도 마찬가지이겠지만, 자신의 아이가 생부모와 재회를 생각하고 있을 때 입양 부모는 내적으로 엄청난 갈등을 경험한다. 저자이자 연설가인 메릴린 머버그Marilyn Meberg는 자신의 책 ≪차라리 웃지요≫에서 딸이 생부모를 찾고 싶다고 말했을 때 자신과 남편이 느낀 감정들을 묘사했다. "우리는 딸이 원한다면 생부모를 찾아야 하고, 우리가 어떤 식으로든 도울 것이며 할 수 있는 모든 것을 다 하겠노라고 재빨리 딸아이를 안심시켰습니다. 겉으로는 정답을 말했지만, 실은 우리 부부 둘 다 마치 커다란 망치로 한 대 얻어맞은 것 같았습니다."

입양모인 조이스 그리어Joyce Greer는 〈안다는 것의 두려움〉이라는 글에서 밝혔다. "내 딸이 다른 엄마와 관계를 맺어 갈수록, 딸을 잃게 될까 봐 더욱 두려웠습니다. 이런 생각으로 나는 너무나 겁이 났습니다. 질투심이 걷잡을 수 없이 일었습니다. 이토록 아름다운 내 아이를 알지도 못하는 누군가와 공유하는 모습을 상상해 봤습니다. 하지만 이 '다른 누군가'는 나는 절대로 가질 수 없는 관계로 나의 딸과 이어져 있었습니다. 닮은 외모, 비슷한 성격, 그리고 가족 유전. 나는 그 '다른 누군가'와 경쟁할 수 없었습니다."

훌륭한 입양모인 캐시 자일스Kathy Giles는 입양 부모들이 공통적으로 느끼는 두려움을 요약했다.

> 1991년, 데이빗이 다섯 살일 때, 아이는 자신의 상실에 대한 슬픔과 고통을 나와 함께 나눴습니다. 우리는 식당 한 구석에서 서로 마주 보며 앉아 있었습니다. 샌디(개방 입양한 아들의 생모)는 얼마 전에 우리를 방문했기에 아들은 생모를 또렷이 기억하고 있었습니다. 데이빗은 샌디가 '생모'라는 것을 알고 있었지만, 실제적인 의미는 몰랐습니다.
>
> 우리는 생모를 '대모'라고 불렀습니다. 중요한 점은 아들과 생모가 서로 사랑하고 염려하는 관계라는 것이었습니다. 생모는 아들의 생일을 포함해 일 년에 두어 번 방문했습니다. 그녀는 선물을 사 와서 아들과 놀아 주었으며 책을 읽어 주었고 즐겁게 해 주었습니다. 아들은 생모의 방문을 즐겼고, 말과 행동으로 생모에 대한 애정을 자유롭게 표현했습니다.
>
> 어느 날 난데없이 아들이 나에게 말했습니다. "엄마, 그거 알아요? 때로는 샌디가 내 엄마가 될 수 없었던 게 슬퍼요." 마치 비수가 날아와 심장에 꽂

힌 것처럼, 큰 충격을 받았습니다. 아들이 나보다 생모를 더 좋아하다니!
내 마음은 여러 가지 생각들로 혼미해졌습니다.
다행히, 나는 연민이나 질투에 빠지지 않고 마음의 평정을 되찾았습니다.
아이가 생모를 더 사랑한다는 것은 당연히 이해할 만한 것입니다. 하지만 이것이 대부분의 입양 엄마가 가장 두려워하는 장면일 것입니다.

아이가 어렸을 때나 십 대일 때, 혹은 나중에 어른이 됐을 때 자신의 뿌리 찾기를 하고 싶어 하는 바람을 나타낸다면 당신은 아이가 출생 가족을 찾겠노라고 말하는 그날이 몹시 두려울 것이다. 당신은 아이가 여전히 당신을 사랑하는지 궁금할 것이다. '만약 아이가 평생 자신이 그려 왔던 사람들을 만난다면 나를 완전히 잊지는 않을까?', '나는 아이가 '두 번째'로 사랑하는 사람이 되는 걸까?', '새롭게 확장된 내 아이의 '가족' 안에 내 자리가 있을까?'

≪원초적 상처≫의 저자이자 입양모인 낸시 베리어Nancy Verrier는 자신의 관점을 밝혔다. "생모를 찾고자 하는 자녀들의 생각을 입양모들이 그다지 기뻐하지 않는 이유를 우리는 쉽게 이해할 수 있습니다. 부모는 끊임없는 혼란과 고통의 세월을 보내며, 아이가 자신보다 다른 아이의 엄마들을 더 안전하다고 느끼며 그들과 손쉽게 관계를 맺는 것을 보아 왔습니다. 이제 자녀가 부인할 수도, 설명할 수도 없는 마법의 연결 고리를 지닌 사람을 찾고자 합니다. 신비스러우면서도 두려울 것입니다. 다수의 부모들은 고작 이런 결과를 얻으려고 자신들이 그토록 오랫동안 고통과 거절을 겪은 것인지 자문하게 됩니다."

그렇다. 사랑스러운 자녀가 자신의 과거에 실제로 존재했던 사람들과 연결되기 위해 옛일을 더듬기 시작하면 부모들은 두려움을 느낀다. 그러나 만약 이 일이 당신에게도 두렵게 느껴진다면, 비록 그 '아이'가 다 자란 성인이라 해도 그것을 어떻게 느낄지 짐작해 보라.

한 입양인의 경험

입양인이 자신의 뿌리를 찾기로 결심하면, 주로 본인이 태어난 주의 법원에서 탐색을 시작한다. 출생 가족에 대한 미공개 정보 열람을 신청할 수 있는 곳이 바로 법원이기 때문이다. 샌드라의 뿌리 찾기도 바로 이렇게 시작되었다.

높은 천장에 삐걱거리는 마루가 깔린 퀴퀴한 낡은 건물로 걸어 들어가며, 샌드라는 자신이 두렵고도 절박한 어린아이처럼 느껴졌다. '생각해 봐. 이 법원 깊숙한 곳 어딘가에 내 생애 초기의 이야기들과 많은 시간 동안 내 가슴 속에 담아 두었던 질문에 대한 답이 있어. 나의 생물학적 부모는 어떻게 생겼을까? 직업은 무엇이었을까? 내가 태어났을 때 그분들은 몇 살이었을까? 왜 나를 포기하고 입양 보냈을까?' 많은 입양인들이 그러하듯, 샌드라도 자신의 뿌리에 대한 진실을 알고 싶었다.

샌드라가 자신이 태어난 주 법원에 미공개 정보 열람을 신청한 후 몇 주 만에, 결과가 우편으로 도착했다. 새로운 정보들을 보자 샌드라는 흥분했다.

엄마 나이: 24. 아빠 나이: 28. 아빠에게는 두 번째 결혼이었고, 엄마에겐 첫 번째였다. 아빠는 회계사였고 엄마는 가정주부였다. 샌드라는 생부모 둘 다에게 첫 번째 아이였다. 샌드라는 스펀지처럼 내용들을 하나하나 흡수했다. 그러다 두 단어가 샌드라의 눈에 들어왔을 때, 그녀는 예리한 칼에 찔린

듯한 고통을 느꼈다. '기꺼이 포기함'

'기꺼이 포기한다고?' 샌드라는 우편물을 들고 집 안으로 들어가면서 조용히 분노했다. '어떻게 결혼한 젊은 부부가 자신의 첫아이를 기꺼이 포기할 수 있지?' 받아들이기는커녕 이해조차 하기 힘든 사실이었다. 샌드라는 간신히 다독인 거절의 고통을 다시 감내할 준비가 되어 있지 않았다.

샌드라는 고통을 거쳐야 비로소 자유로워진다는 것을 그 당시에는 이해하지 못했다. 마치 자신을 자유롭게 해 줄 실제적인 정보가 있는 과거로 여행을 떠나는 것 같았다. 이제는 누가 뭐라 해도, 어떤 대가를 치르더라도 출생 가족을 찾아 나설 시간이다. 그러나 이 여행에는 진실과 고통이라는 동반자가 함께한다. 내딛는 모든 발걸음마다 진실과 고통을 동시에 마주하게 될 것이다.

≪알지 못하는 그를 축복하기≫에서 랜돌프 W. 시버슨Randolph W. Severson 박사는 진실과 고통에 대한 예화를 들었다. "입양에서 공개가 궁극적으로 어떤 의미가 될지를 두려워하고 걱정하는 것은 종종 어린아이가 물속에 뛰어들기 전에 그 물이 차갑지 않을까 걱정하는 것과 같습니다. 심호흡을 하며 마음을 다잡고 물에 뛰어들기 전까지는 그것을 진정으로 극복할 수 없습니다. 처음에는 물이 차갑게 느껴지지만, 얼음장같이 차가운 계곡물의 냉기도 이내 견딜 만합니다. 곧 몸이 적응하고 한낮의 열기가 물을 데워 주면 잠시나마 냉기를 견딘 보람을 느낍니다. 수영하는 사람들은 곧 차갑고 푸른 물속에서 평온과 행복을 느낍니다."

가장 큰 두려움

두려움을 잠시 내려놓고, 아이가 자신에게 삶을 준 사람들(특히 생모)을 찾아 다시 관계를 이어가기 원할 때 어떤 일을 겪게 될지 상상해 보자. 아이는 궁금해할 것이다. '나의 생모는 내가 연락하면 어떻게 할까?', '나를 만나줄까?', '나를 받아 줄까, 아니면 거절할까?', '생모가 과거를 극복하고 나를 자신의 삶으로 초대할 수 있을까?', '생모가 나를 사랑할까?'

입양인이 출생 가족을 찾는 동안 가장 고통스러운 상실을 경험할 가능성은 상당히 높다. 바로 '두 번째 버려짐'이다. 실제로 거절될 가능성이 있기에 입양 부모는 필히 아이를 도울 준비를 하고 있어야 한다. 아이가 거절이라는 가장 큰 두려움을 마주했을 때, 입양 부모는 반드시 아이에게 정서적인 지지를 할 수 있어야 한다.

이런 두려움의 심각성을 이해하기 위해서 베티 진 리프톤Betty Jean Lifton 박사가 ≪입양인의 자아 탐색≫에서 인용한 '숙녀와 호랑이'의 은유를 생각해 볼 필요가 있다. 입양인은 공주와 사랑에 빠진, 잘생겼지만 가난한 병사와 같다. 그 공주의 아버지는 격노하여 젊은이에게 거대한 원형 경기장에 들어가라고 명령했는데, 젊은이는 그곳에 있는 두 개의 문 중 하나를 선택해야 했다. 하나의 문 뒤에는 공주는 아니지만 기꺼이 그의 아내가 될 아름다운 숙녀가 있었고, 다른 문 뒤에는 그를 당장이라도 집어삼킬 만큼 사나운 호랑이가 있었다.

한 입양인은 이 두려움을 이렇게 묘사한다. "나는 생모가 나에 대해 생각하기를 바라고 있어요. 생모를 찾은 것 같은데 전화하기가 너무 두렵네요. 영혼 깊숙히 거절당할까 두려워하는 마음이 있거든요. 생모가 나와 이야기하길 원치 않으면 어떡하죠? 도저히 돌이킬 수 없는 감정의 한계에 다다른 것 같아요."

아이의 관점 이해하기

아이가 생부모를 찾고자 하는 열망을 표현할 때 아이도 당신과 똑같이 혼란스러운 감정으로 가득하다는 것을 이해하라. 거절의 두려움 이외에, 아이의 머리와 마음속에는 또 다른 감정들이 있을 수 있다.

"나는 정보를 원해요."

아이가 당신을 대체할 누군가를 찾고 있거나 부모로서의 당신 역할이 불충분하다고 표현하는 것은 아니다. 때로는 그렇게 보일 수도 있지만 말이다. 대신에 아이는 해답을 찾고 있는 것이다. '내가 왜 포기되었을까?', '내 파란 눈은 어디서 왔을까?', '나의 병력은 무엇일까?' 아이는 성인이 되어가며 이런 정보가 자신과 자신의 후손에게 도움이 된다는 것을 깨닫는다.

한 입양인은 "나는 우리 가족을 그 누구보다 사랑하지만, 그 '누군가'도 필요합니다."라고 말했다. 다른 입양인은 이렇게 말한다. "나는 입양 부모님을 사랑해요. 나는 다른 부모를 찾는 게 아니에요. 나에겐 내가 어디에서 왔는지를 알고 이해하고 싶은 자연스런 욕구가 있어요. 저를 지지해 주세요. 그러면 부모님과 나의 관계는 훨씬 더 견고하고 충만해질 거예요."

"부모님께 상처주기 싫어요."

입양 전문가들은 종종 '충성심 이슈'를 논한다. 입양인은 입양 부모에 대한 사랑과 충성, 그리고 자신의 생물학적 부모를 찾고자 하는 열망 사이에서 죄책감으로 갈등한다. 입양인은 입양 부모에게 상처가 되거나 속상하게 할 만한 어떤 것도 하고 싶어 하지 않는다. 입양 부모에 대한 이러한 깊은 충성심 때문에 입양인들은 부모님이 돌아가실 때까지 생부모 찾기를 미루기도 한다.

한 입양인은 "나의 부모님은 내가 생부모를 찾고 싶을 때면 기꺼이 돕겠다고 항상 말씀하셨죠. 하지만 아빠에게 상처가 될까 봐 생부모를 찾지 않았어요. 앞으로도 절대 그러지 않을 거예요."라고 말했다.

또 다른 입양인은 이렇게 말한다. "자식이 생기고 나니까 내가 어디에서 왔는지 찾고 싶은 생각이 들어요. 하지만 나에게 이렇게 멋진 삶을 주신 분들은 입양 부모님이기에 그분들께 생부모에 대해 많은 질문을 하기가 죄송해요."

"출생과 입양에 관한 비밀, 답을 알 수 없는 질문들, 그럴 듯한 거짓말들로 인해 제가 얼마나 깊은 고통 속에서 살아왔는지 말하지 못했습니다. 제가 부모님을 너무나 사랑하기 때문에 차마 말할 수 없었다는 것을 부모님이 알아주셨으면 좋겠습니다." 한 남성 입양인의 한탄이다.

"비로소 내 자신에게 진실해졌어요."

많은 입양인들은 다른 사람들의 의도에 따라 오랜 세월을 살아왔다. 입양인은 외면적이든 내면적이든지 간에 수동적인 성향을 가지고 있다. 뿌리 찾기를 시작하면서 입양인은 다른 사람이 뭐라고 생각하든 자신에게 진실해지는 법을 배운다.

내가 생부모를 찾으려고 하자, 남편과 입양 아버지가 한 이야기가 기억난다. 아버지는 말씀하셨다. "왜 굳이 긁어 부스럼을 만들려고 하니?" 남편도 내가 상처 입을까 봐 걱정이 되어 찾지 않았으면 좋겠다고 말했다.

남편과 아버지의 말에도 불구하고, 나는 생부모를 찾으려는 노력을 계속했다. 나를 사랑한다 해도 여전히 타인인 다른 사람들의 의견보다, 진실을 향한 나의 내면의 욕구가 더 중요했다. 입양과 관련해서는 내가 결정할 수 있는 것이 없었지만, 생부모를 찾는 일만큼은 마침내 나의 뜻대로 할 수 있었다.

부 모 가 할 수 있 는 것

입양인들이 출생 부모를 찾는 일에는 격려가 필요하다. 자녀를 어떻게 도와야 하는지는 다음과 같다.

부모의 감정을 아이가 책임지지 않도록 하라

아이는 당신의 평안과 안정을 염려하지 않고 자유롭게 생부모를 찾을 수 있어야 있다. 만약 아이가 생부모를 찾고자 할 때, 당신이 버려질 것 같은 두려움을 느낀다면, 믿을 만한 상담사나 친구들의 도움을 받아 재회 과정을 진행하라. 아이는 이미 벅찬 과제를 잔뜩 떠안고 있기 때문에 자신이 원하는 것을 얻는 과정에서 부모의 축복이 필요하다. 입양 부모가 그 과정을 위협적으로 느낀다 할지라도 말이다.

엘리자베스는 말한다. "입양 부모가 자신의 두려움을 받아들이지 않으면, 자녀가 행복해질수록 부모는 오히려 더 불안해질 뿐입니다. 부모는 '나는 왜 내 아이를 행복하게 해 줄 수 없을까? 내 아이가 무언가를 찾아 다른 곳으로 가야 하다니, 나는 부모로서 완전히 실패한 거야.'라고 생각할 겁니다."

메릴린 머버그Marilyn Meberg는 ≪차라리 웃지요≫라는 책에서 자신의 분투를 설명하고 있다. 남편이 죽고 아들이 결혼한 직후에, 자신의 입양한 딸이 생모를 찾고 싶다고 말했다. 메릴린은 이것이 자신과 딸 사이의 관계에 있어서 전환점이 되었다고 생각한다. "나에게 이런 감정이 생기는 것이 정상이라 하더라도, 그 감정들을 나의 딸 엘리자베스의 탓으로 돌릴 권리는 내게 없었습니다. 엘리자베스가 뿌리 찾기라는 자신의 욕구보다 엄마인 나의 욕구를 더 중요하게 생각하고, 딸이 자신의 감정을 희생해서라도 오히려 엄마인 저의 정서적인 안정을 책임지려 했다면, 딸은 결국 내 감정에 분개하게 되었을 거예요."

알고 있는 정보를 '모두' 공개하라

당신이 알고 있는 아이의 출생, 출생 가족, 입양 당시의 상황, 친권 포기 과정에 관한 모든 정보를 아이에게 주라.

입양인 루스 앤은 "엄마는 제가 열여덟 살 때 돌아가셨어요. 저는 서른 살에 뿌리 찾기를 시작해서 서른다섯 살이 되어서야 엄마가 양육 일기에 생모 이름을 써 놓은 것을 발견했죠. 엄마가 어떻게 생모의 이름을 알았는지 모르겠지만, 마치 돌아가신 엄마가 축복해 주신 것처럼 느껴졌어요. 엄마가 저의 뿌리 찾기를 돕고 계신다고 느꼈죠."라고 말했다.

베티는 "문제는 입양 부모님이 나에 관한 정보를 무덤까지 가지고 갔다는 거예요. 내가 부모님께 하고 싶은 말은 이거예요. '엄마 아빠, 나는 부모님을 매우 사랑하지만 내가 성인으로서 충분히 알 권리가 있는 중요한 정보를 주지 않아서 어떤 면에서는 배신감을 느끼고, 때로는 분노가 치밀어 올라요. 아시다시피 나는 엄마 아빠를 깊이 사랑해요. 그러니 누군가가 엄마 아빠의 자리를 차지할 거라는 두려움은 버리세요.'"라고 말했다.

메리의 부모님은 올바른 태도의 예를 보여 준다. "부모님은 하늘에서 온 천사예요. 그런 부모님을 주셔서 날마다 하나님께 감사드려요. 부모님은 오빠와 나의 입양과, 부모님이 받았던 확인되지 않은 정보에 대해서도 항상 열린 태도를 보이셨고 우리에게 정직하셨어요. 나의 뿌리 찾기도 지원해 주셨죠. 부모님이 처음부터 솔직했기 때문에 내가 생부모를 찾으려고 노력할 때 나를 지지해 주실 수 있었어요. 부모님과 나의 관계는 정직과 신뢰를 바탕으로 하고 있어요."

아이가 결과를 감당하도록 격려하라

뿌리 찾기와 재회의 과정 동안 감정은 깊어진다. 입양 자녀에게 이에 대해 주의를 주고 만약의 경우 '최악의 시나리오'를 감당할 수 있도록 용기를 주라. 아이에게 최악의 시나리오를 말하는 것이 어려울 테지만, 아이가 앞으로 겪을 일들에 감정적으로 대비하려면 꼭 필요한 일이다. 대부분의 재회는 잘 이루어지지만, 때로는 가슴 아픈 상황이 벌어지기도 한다.

서른다섯 살의 입양인 캐시는 자신이 거절당했던 경험을 글로 남겼다. "오늘은 내 생애에서 가장 긴 하루였습니다. 생부모를 만났을 때 나는 왠지 두려웠습니다. 그분들은 나와 아주 달라 보였습니다. 생모는 나의 생일이 언제인지도 모르고 있었습니다. 생모가 자신이 고생했던 것을 이야기할 때

보니, 나를 낳고 난 후에 나를 완전히 잊어 버린 것이 분명했습니다. 나를 낳았던 것도 고생스러운 일들 중 하나였던 것입니다. 생모에게 '자주 당신을 생각했어요.'라고 말하고 싶었습니다. 그러나 생부모와의 재회가 내 인생 최고의 경험이 아니라는 것은 참으로 실망스러웠습니다. 35년 전에 경험한 거절의 실체를 깨달은 것입니다. 이방인처럼, 나는 전혀 소속감을 느낄 수 없었습니다."

재회가 만병통치약이 아님을 처음으로 깨닫게 되면, 입양인은 허탈감을 느끼기도 한다. 재회한다고 해서 입양의 모든 고통이 사라지지 않으며, 입양인이 아닌 평범한 사람이라고 느끼게 되는 것도 아니다.

헤더는 이런 허탈감에 대해 "내가 재회에 대해 갖고 있던 생각과 기대는 잘못된 것이었어요. 내가 기대해 왔던 것과는 달리, 재회는 내 인생에 별다른 영향을 미치지 못했어요."라고 설명했다.

결과와 상관없이 아이가 성장할 것임을 알려 주라

출생 가족과의 재회가 긍정적이든 부정적이든, 아이는 재회 이후에 중요한 무언가가 마무리되었다고 느낀다. 아이는 끊어져 있던 동그라미의 끝을 이었고, 자신의 가장 큰 두려움과 맞섰으며, 복합적인 감정들을 통과하여 상실에서 온전함으로 걸어 나왔다. 또한 아이는 입양 부모와의 관계도 깊어지고 풍성해지는 경험을 했을 것이다.

입양인의 여정 중 부모와 아이 모두에게 가장 두려운 일일 수 있는 뿌리 찾기 과정이 사실은 가장 의미 있는 성장과 축복의 기회임을 잊지 말기 바란다. 부모로서 가족의 모습 그대로를 받아들이라. 자연의 본성을 거슬렀으나 보기에 너무나 아름답고 고유하며 얽힌 뿌리와 풍성한 잎사귀를 지니고 있는 나무이자, 원예가에게 도전이 되는 일이지만 마침내 비할 수 없이 달콤한 열매를 맺는 접목된 나무와 같은 가족의 모습 말이다.

마리는 "나와 입양 엄마와의 관계는 내가 꿈꿔왔던 것보다 더욱 친밀해요. 엄마가 자신의 슬픔과 상실의 문제들을 기꺼이 다루셨기에 나의 좋은 위로자이자 친구가 되어주셨죠."라고 말했다.

바브는 재회 이후의 감정을 이렇게 전했다. "이전으로 다시 돌아간다 해도 나는 재회하는 쪽을 택할 거예요. 재회는 위험을 감수할 만한 가치가 있었고, 나의 입양에 대한 호기심과 의문들을 잠재웠습니다. 나의 감정을 생생하게 느꼈던 경험이기도 했습니다. 생모는 45년 전에 나에게 생명을 주었고, 일주일 전 재회를 통해 나에게 다시 생명을 준 셈이에요. 생모는 자신의 삶 속으로 내가 들어가게 해 주었죠. 이 두 가지 생명을 선물로 준 생모에게 늘 감사한 마음을 가지고 있을겁니다."

신시아는 "입양 부모님과 나의 관계는 그 어느 때보다 더 솔직하고 견고해요. 나는 내 자신을 충분히 알게 됐고, 가족과 친척은 내가 정의내리는 것임을 깨달았어요."라고 말한다.

조지는 "내가 재회를 통해 생모와 매우 긍정적인 관계를 맺고는 있지만, 입양 부모님을 그 어느 때보다 더 가깝게 느끼고 있어요. 입양 부모님은 언제까지나 나의 진짜 부모님이에요."라고 말한다.

'진짜' 부모가 된다는 것

당신이 아직도 아이의 뿌리 찾기와 재회의 여정에 일말의 두려움을 느낀다면, 자신의 아홉 살 난 아들과 함께 입양 가족을 위한 특별 프로그램을 경험한 캐시 자일스Kathy Giles의 이야기를 듣고 용기를 내 보라. 그 프로그램은 부모와 자녀가 함께하는 시간, 입양인들만을 위한 시간, 부모들만을 위한 시간으로 나누어져 있었다. 프로그램에 참여하려고 오고 가는 한 시간 남짓 동안, 캐시와 아이는 충분히 대화했다.

대화 중에 캐시의 아들 데이빗이 물었다. "친구 멀리사가 나의 진짜 엄마는 생모 마리라고 했어요. 생모가 진짜 엄마인 거예요?" 캐시는 망설임 없이 직접적으로 대답했다. "마리는 너를 아홉 달 동안 배 속에 진짜로 품고 있었고, 진짜로 진통을 겪으며 너를 낳았기 때문에 나라면 마리가 한 그 일만큼은 진짜라고 말할 거야. 마리는 너를 위해 진짜로 무언가를 한 사람이잖아. 그리고 엄마는 나도 진짜 엄마라고 생각해. 엄마는 진짜로 너의 기저귀를 다 갈아 주었고, 우유도 먹였고, 목욕도 시켜 줬고, 몇 시간이고 너를 안고 달래며 노래를 불러 주었고, 산책도 데려가고, 이야기책도 읽어 줬어. 이 모든 것 역시 진짜란다. 그리고 이런 일들을 통해 나 역시 너의 진짜 엄마가 된 거야. 마리는 자기의 몫을 했고, 나는 내 몫을 하고 있는 거란다. 우리 둘 다 너의 진짜 엄마야."

베티 진 리프톤Betty Jean Lifton 박사는 ≪입양인의 자아 탐색≫에서 진짜 엄마를 탁월하게 정의했다. "나는 자신의 아이에게 아이의 일부를 부정하라고 요구하지 않고, 아이의 온전한 정체성을 인정하고 존중해 주는 엄마를 진짜 엄마라고 생각합니다."

정말 멋진 정의가 아닌가! 이것은 마치 바로 앞부분에서 살펴본 사례들을 요약한 것 같다. 당신은 아이의 세상으로 들어가는 법과 아이의 말하지 않은 욕구에 민감하게 반응하는 법, 또한 아이가 느끼는 감정을 인정하는 법을 배웠다. 당신은 이제 아이의 인생에서 '진짜' 부모로서 자리매김하게 된 것이다.

이 책을 읽기 전부터 당신은 이미 이 모든 것을 알고 있는 부모였을 수 있다. 아니면 이런 것에는 관심이 없는 부모였을지도 모르겠다. 전에 어떤 부모였는지와는 상관없이 입양인의 마음속 이야기를 들은 당신은 이제 최고의 입양 부모가 될 준비를 마친 셈이다. 당신이 이 책에서 배운 것을 계속 실천하려고 노력한다면, 당신의 가족은 늘 싱그러우며 아름다운 열매를 맺는 물 댄 동산에 뿌리를 내린 아름드리 나무와 같을 것이다.

Andersen, Robert, *Second Choice: Growing Up Adopted.* Missouri: Badger Hill Press, 1993.

Axness, March Wineman, *Painful Lessons, Loving Bonds: The Heart of Open Adoption*. California: Self-published, 1998.

Axness, March Wineman, *What Is Written on the Heart: Primal Issues in Adoption*. California: Self-Published, 1998.

Bettelheim, Bruno, *The Uses of Enchantment: The Meaning and Importance of Fairy Tales.* New York: Vintage, 1989.

Bollas, Christopher, *The Shadow of the Object: Psychoanalysis of the Unknown Thought.* New York: Columbia University Press, 1989.

Bowlby, John, A Secure Base: *Parent-Child Attachment and Healthy Human Development.* Great Britain: Routledge, 1988.

Bowlby, John, *Attachment.* New York: Basic Books, 1983.

Bowlby, John, *Separation Anxiety and Anger.* New York: Basic Books, 1986.

Bradshaw, John, *Homecoming: Reclaiming and Championing Your Inner Child.* New York: Bantam Books, 1992.

Brodzinsky, Dr. David M., Schechter, Dr. Marshall D., and Henig, Robin Marantz, *Being Adopted: The Lifelong Search for Self.* New York: Anchor, 1993.

Brown, Margaret Wise, *The Runaway Bunny*. New York: HarperCollins Children's Books, 1987.

Chilstrom, Corinne, *Andrew, You Died Too Soon: A Family Experience of Grieving and Living Again.* Minnesota: Augsburg Fortress Publications, 1993.

Clarke, Jean Illsley, and Dawson, Connie, *Growing Up Again: Parenting Ourselves, Parenting Our Children.* Minnesota: Hazelden, 1998.

Cline, Dr. Foster W., Parent education text from the series What S*hall We Do With This Kid?* Colorado: 1982.

Cloud, Dr. Henry, and Townsend, Dr. John, *Boundaries: When to Say Yes, When to Say No to Take Control of Your Life.* Michigan: Zondervan Publishing House, 1992.

Cox, Susan Soon-Keum. Personal interview. Colorado:1997.

Cytryn, Dr. Leon, and McKnew. Dr. Donald, *Growing Up Sad: Cildhood Depression and Its Treament.* New York: W. W. Norton & Company, 1998.

Dodds, Peter F., Outer Search, Inner Journey: *An Orphan and Adoptee's Quest.* Washington: Aphrodite Publishing Company, 1997.

Eldridge, Sherrie, "One Mother's Story." Indiana: *Jewel Among Jewels Adoption News*, 1997.

Engels, George L., "Is Grief a Disease? A Challenge for Medical Research." *Psychosomatic Medicine,* 23.

Fraiberg, Selma, *Every Child's Birthright: In Defense of Mothering.* New York: Basic Books, 1977.

Gibbs, Nancy, "In Whose Best Interest." *TIME*, July 19, 1993.

Gilbert, Fr. Richard, "Bereavement Challenges and Pathways for the

Adopted." Indiana: *Jewel Among Jewels Adoption News*, 1996.

Giles, Kathy. Personal interview. Pennsylvania:1998.

Green, Tim, *A man and His Mother: An ADOPTED Son's Search*. New York: ReganBooks, 1997.

Greer, Joyce, "The Fears of Knowing." Tennessee: 1997.

Gritter, James L., *The Spirit of Open Adoption*. Washington, DC: CWLA Press, 1997.

Harris, Maxine, *The Loss That Is Forever: The Lifelong Impact of Early Death of a Mother or Father*. New York: Plume, 1995.

Hughes, Daniel A., *Facilitating Development Attachment: The Road to Emotional Recovery and Behavioral Change in Foster and Adopted Children*. New Jersey: Jason Aronson, Inc., 1997.

Hunt, Bertie. Personal interview. Florida: 1997.

Ingrassia, Michelle, and Springen, Karen, "She's Not Baby Jessica Anymore." *NEWSWEEK*, March 21, 1994.

Janov, Dr. Arthur, *The New Primal Scream: Primal Therapy 20 Years On*. Delaware: Enterprise Publishing, Inc., 1991.

Jenkins, Alyce Mitchem, "Parenting Your Adopted Child." Indiana: *Jewel Among Jewels Adoption News*, 1998.

Jones, Jeanine, "Sharing Negative Information with Your Adopted Child." Indiana: *Jewel Among Jewels Adoption News*, 1997.

Keck, Gregory C., Ph.D. "The Relationship Between Adoption and Attachment Disorders." Indiana: *Jewel Among Jewels Adoption*

News, 1996.

Kirk, H. David, *Looking Back, Looking Forward: An Adoptive Father's Sociological Testament*. Indiana: Perspectives Press, 1995.

Kirk H. David, *Shared Fate*. British Columbia: Ben-Simon Publications, 1984.

Komissaroff, Carol, "The Angry Adoptee." Oregon: Kinquest, Inc., 1992.

Lifton Betty Jean, Ph. D. *Journey of the Adopted Self: A Quest for Wholeness*. New York: Basic Books, 1995.

Lifton, Betty Jean, Ph. D. *Lost and Found: The Adoption Experience*. New York: HarperCollins, 1988.

Lowinsky, Naomi Ruth, *Stories from the Motherline: Reclaiming the Mother-Daughter Bond, Finding Our Feminine Souls*. California: 1992.

Malone, Dr. Thomas Patrick, and Malone, Dr. Patrick Thomas, *The Art of Intimacy*. New York: Fireside, 1987.

Marney, Carlyle, *Achieving Family Togetherness*. Tennessee: Abington Press,1980.

Maurer, Daphne, and Maurer Charles, *The World of the Newborn: The Wonders of the Beginning of Life – A Landmark Scientific Account of How Babies Hear, See, Feel, Think . . . and More*. New York: Basic Books, 1946.

Meberg, Marilyn, *I'd Rather Be Laughing: Finding Cheer in Every*

Circumstance. Tennessee: Word Publishing, 1998.

Monahon, Cynthia, *Children and Trauma: A Parent's Guide to Helping Children Heal*. New York: Lexington Books, 1993.

Moore, Kay, *Gathering the Missing Pieces in an Adopted Life*. Tennessee: Broadman & Holman Publishers, 1995.

Nydam, Ronald J., Ph. D. "Relinquishment and Intimacy." Indiana: *Jewel Among Jewels Adoption News*, 1998.

Schooler, Jayne, *Searching for a Past: The Adopted Adult's Unique Process of Finding Identity*. Colorado: Piñon Press, 1995.

Severson, Dr. Randolph W., *To Bless Him Unaware: The Adopted Child Conceived by Rape*. Texas: House of Tomorrow Producions, 1992.

Silver, Dr. Larry B., *The Misunderstood Child: A Guide for Parents of Children with Learning Disabilities*. New York: McGraw-Hill Book Company, 1984.

Simpson, Eileen, *Orphans: Real and Imaginary*. New York: A Plume Book, 1987.

Small, J. W., "Working with Adoptive Families." *Public Welfare*, Summer 1987.

Stephen Ministries, "The Jo-Hari Window." Missouri: Stephen Ministries Training Manual.

Stern, Dr. Daniel N., *The Interpersonal World of the Infant: A View from Psychoanalysis and Developmental Psychology*. New York: Basic Books, 1985.

Van der Vliet, Amy, "The Non-Identifying Information." *Twelve Steps for Adults Adopted as Children*, Indiana: 1996.

Van Gulden, Holly, and Bartels-Rabb, Lisa M., *Real Parents, Real Children: Parenting the Adopted Child.* New York: Crossroads Publishing Company, 1995.

Verny, Dr. Thomas, and Kelly, John, The *Secret Life of the Unborn Child.* New York: Delta, 1994.

Verny, Thomas, and Weintraub, Pamela, *Nurturing the Unborn Child.* New York: Delta, 1991.

Verrier, Nancy Newton, *The Primal Wound: Understanding the Adopted Child.* Maryland: Gateway Press, 1993.

Warren, Dr. Paul, and Minirth Dr. Frank, *Things That Go Bump in the Night: How to Help Children Resolve Their Natural Fears.* Tennessee: Thomas Nelson Publishers, 1992.

Wasson, Valentina P., *The Chosen Baby.* New York: Lippincott Raven Publishing, 1977.

Watkins, Mary, Ph. D. and Fisher, M. D., Susan, *Talking With Young Children About Adoption.* Connecticut: Yale University Press, 1995.

Welch, Martha G., *Holding Time: How to Eliminate Conflict, Temper Tantrums, and Sibling Rivalry and Raise Happy, Loving, and Successful Children.* New York: Fireside, 1989.

Winkler, Robin C., Brown, Dirck W. van Keppel, Margaret, and Blanchard, Amy, *Clinical Practice in Adoption.* New York:

Pergamon Press, 1988.

Wolff, Jana, *Secret Thoughts of an Adoptive Mother.* Kansas: Andrews McMeel Publishing, 1997.

Worden, William J., *Grief Counseling and Grief Therapy: A Handbook for the Mental Health Practitioner.* New York: Springer Publishing Company, 1991.

Wright, Norman H., *The Power of a Parent's Words.* California: Gospel Light Publications, 1991.